JOACHIM EILTS

Im Sarg brunften keine Böcke

JOACHIM EILTS

IM SARG BRUNFTEN KEINE — BÖCKE

Jagderzählungen
der Extraklasse

KOSMOS

Für Erika,
Carsten, Simone, Neele und Mayla
sowie Carina, Henri, Feline und Benjamin.

Schön, dass es Euch gibt!

Inhalt

»Wir sind alle auf dem Heimweg«

26. Juli. 30 Grad im Schatten. Elf Uhr vormittags. Ich sitze mit meiner Frau in Emdens Innenstadt bei strahlendem Wetter vor der Eisdiele. Erika hat Geburtstag, und ich habe sie zu Kaffee und Kuchen eingeladen. Die Kinder und Enkelkinder kommen erst am Nachmittag.

Wir gönnen uns ein Stück Ossitorte, eine Sahnetorte mit Rosinen und Branntwein beziehungsweise Rum sowie Krokant und Mandeln. Ausgesprochen schmackhaft. Richtig lecker, sagt man in Ostfriesland. Wir lieben sie, unsere Ossitorte. Und auch der Kaffee ist Spitzenklasse. Kräftig und heiß – kein »Babbelwasser«.

»Guck mal«, sage ich. »In 100 Jahren sind alle Menschen, die du gerade hier siehst, tot. Dann laufen hier ganz andere rum, und kaum wer wird sich noch an uns erinnern. Du weißt ja, wir sind alle auf dem Heimweg, wissen nur noch nicht, wann wir ankommen. Auch der Spatz, die zwei Dohlen und die drei Haustauben da oben haben eine nur sehr begrenzte Lebensdauer. Dasselbe gilt natürlich ebenfalls für den Dackel da drüben, der gerade gegen den Baum pinkelt.«

»Na, dann geh' man noch ein paar Jahre jagen«, antwortet Erika. »Wenn du tot bist, kannste nicht mehr.«

»Jo«, sage ich. »Im Sarg brunften keine Böcke!«

»Was für ein Satz«, sagt Erika. »Im Sarg brunften keine Böcke!«

»Außerdem«, ergänze ich, »ranzen im Sarg keine Füchse, rauschen keine Sauen und fliegen keine Enten. Wenn das Herz, so groß es auch sei, zu schlagen aufhört, ist es vorbei mit dem Waidwerk.«

Bereits tags drauf, als ich mal wieder einem Anfall von Arbeitswut erliege, schickt mich Erika ins Revier: »Erhol' dich erst mal.«

Da Widerspruch sinnlos ist – ich erkenne es an ihren funkelnden, rollenden Augen –, füge ich mich »gramgebeugt« mit der Büchse auf der Schulter in mein Schicksal.

»In deinem Alter muss man kürzertreten«, ruft mir Erika nach.

Ich werde einen Teufel tun, und mich ihrem Willen widersetzen. Okay. Die Arbeit muss natürlich getan werden, darf jedoch durchaus auch mal einen Tag warten. Schon morgen kann es vorbei sein mit dem Aufenthalt auf dieser unserer immer noch wundervollen Erde.

Ob der alte Bock von der »Grünen Hölle« wohl noch lebt? Ich habe ihn seit Monaten nicht mehr gesehen. Seltsam. Ich bin guter Dinge, weiß, heute geht was! Ein Gefühl, das mich nur selten, sehr selten sogar, getäuscht hat. Auf dem Weg zum Hochsitz gehen mir wieder einmal tausend Dinge durch den Kopf, und ich komme so richtig ins Grübeln.

Vier Jagdbücher habe ich bereits geschrieben. Aber das, was mir gerade noch so alles einfällt, was ich aus dem Hinterstübchen hervorkrame, was ich mir aus alter Gewohnheit auf unzähligen Zetteln notiert habe, um es nicht zu vergessen, füllt ganz sicher ein weiteres Werk. Ich beschließe spontan, mich am Wochenende an den Computer zu setzen und loszulegen, bin voll bis zur Schädeldecke. Erinnerungen ohne Ende! Was Erika sagen wird?

»Richtig so. Du hast keine Zeit mehr zu verplempern. Du weißt ja: Im Sarg brunften keine Böcke, und im Sarg kann man auch kein Buch mehr schreiben!« Ach so, ja.

Den Alten von der »Grünen Hölle« habe ich tatsächlich bekommen. Urplötzlich steht er in einem zehn Quadratmeter großen »Loch« inmitten der Wildnis scheibenbreit da, und es ist keine Kunst, ihn auf die Entfernung von 80 Metern sauber zu erlegen.

Wie sagte Freund Johann noch, als ich ihm den Bock zeigte? »Die Anna scheint dich sehr zu lieben.« Sollte natürlich heißen: Diana scheint dich sehr zu lieben.

Schwarz ist wundervoll

Anfang August. Schon seit 19 Uhr sitzt Freund Richard mitten im Emder Stadtwald auf einem mit frischen Douglasienzweigen verblendeten Erdsitz und wartet auf den alten schwarzen Bock, der seit Längerem genau hier seinen Einstand hat. Ich selbst befinde mich gut 300 Meter entfernt auf einem Hochsitz, von dem aus ich austretendes Rehwild fotografieren will. Im 71 Hektar großen Stadtwald, das muss ich kurz erwähnen, stehen insgesamt 400000 Bäume. Die Länge der Wanderwege beträgt sieben Kilometer.

Wohl wissend, dass es jederzeit knallen kann, zucke ich dennoch zusammen, als kurz vor 21 Uhr laut donnernd ein Schuss bricht. Das kann nur Richard gewesen sein. Genau acht Minuten später klingelt mein Handy, und Richard teilt mir mit lediglich zwei Worten mit, was passiert ist: »Er liegt!«

Großartig! Was für eine Freude! Er liegt. Auch ich fasse mich kurz, benötige jedoch fünf Worte: »Bin in zehn Minuten da.«

Als ich mit Wildwanne und Fotoapparat am Ort des Geschehens ankomme, sitzt Richard, sichtlich ergriffen, immer noch auf dem Erdsitz und zeigt auf den gerade mal zwölf Meter entfernten maulwurfschwarzen Bock am Boden vor einer Schwarzerle.

»Da liegt er!«, sagt er. Und weiter: »15 Minuten dauerte es, bis er sich bei gutem Wind und Kugelfang kaum zehn Meter entfernt in einer schmalen Schneise breitstellte. Ich hab' ganz schön gezittert mit der Büchse im Anschlag, denn ich musste freihändig schießen.«

Begeistert schlage ich Richard auf die Schulter. Und schon stehe ich vor der wundervollen Beute. Hurra! Es ist der abnorme, etwa achtjährige schwarze Bock, der bereits seit mehreren Jahren auf dem linken Licht blind ist. Ein Traumbock. Das über Lauscher hohe, zurückgesetzte lyraförmige Gehörn weist keinerlei Vereckung mehr auf. Ein Juwel! Gut, dass ich die Wildwanne mitgebracht habe. Einen solchen Bock schleifen wir nicht durch den Wald. Der wird getragen! Feierlich getragen.

Richard ist Pächter des Reviers »Zum Wilden Lande«. Dazu gehören ein großer Teil des Emder Stadtwaldes sowie mehrere bis zum Flughafen vorgelagerte Wiesen. Seit vielen Jahren schon helfe ich ihm bei der Betreuung des Reviers. Das Besondere: Neben einem guten Rehwildbestand, Hasen, Fasanen, Enten und Gänsen sowie Raubwild kommt auch schwarzes Rehwild vor. Eine Rarität, die es, von wenigen Ausnahmen abgesehen, weltweit fast ausschließlich nur im nordwestdeutschen Tiefland gibt.

Die genauen Ursachen für die rezessiv (verdeckt) vererbende Farb-Mutation ist umstritten. Es ist wohl nur eine klimabedingte Laune der Natur. Sicher jedoch ist, dass die Veränderung des Erbguts eine starke Vermehrung des schwarzen Pigments bewirkt, das die »normale« Färbung unterdrückt. Es gibt sowohl schwarze Ricken mit roten Kitzen als auch rote Ricken mit schwarzen Kitzen, aber auch welche mit zugleich rotem und schwarzem Nachwuchs.

So gut wie kein weibliches Stück dieser Farbe wird in Richards Revier erlegt, um den Anteil an schwarzen Rehen etwas zu erhöhen. Schwarze Böcke werden in der Regel nur freigegeben, wenn sie über fünf Jahre alt oder abnorm sind.

Auch im folgenden Jahr ziehen in Richards Revier mehrere schwarze Rehe ihre Fährten. Außer zwei Ricken und einem Schmalreh ebenfalls ein weiterer »Blacky«. Ein alter, abnormer Bock, der sich jedoch immer wieder längere Zeit ausgesprochen rar macht. Hat wohl einen zweiten Wohnsitz, der Herr.

Eines Tages, es muss Mitte Juni gewesen sein, bin ich gerade dabei, die Speicherkarte einer Wildkamera zu wechseln, als ... Hallo, war da nicht was? Aus den Augenwinkeln nehme ich etwa 100 Meter entfernt im Unterholz eine Bewegung wahr. Oh mein Gott! Ein schwarzes Reh. Ein Bock! Weil ich, wie immer, das Doppelglas und meine Nikon-Kamera mit dem 300er Tele am Hals baumeln habe, schaue ich zunächst durchs Fernglas und bin sicher: Es ist der »Geist«, den ich in der Vergangenheit nur wenige Male kurz in Anblick hatte.

Mein Puls schnellt in die Höhe. Ich fühle die Herzschläge bis in den Hals. Die Haare an meinen Armen stellen sich auf, sehen im gleißenden Sonnenlicht aus wie ein im Wind wogendes Miniatur-Kornfeld. Wundervoll glänzend die lackschwarze Decke des Heimlichen. Beeindruckend die dicken, weit über Lauscher hohen, krummen, kaum vereckten Stangen.

Weil der Wind und das Licht gut sind, erfasse ich den Bock im Zeitlupentempo mit dem Teleobjektiv der Kamera und drücke den Auslöser. Immer näher kommt er, der Methusalem. Intuitiv drehe ich das Objektiv auf 55 Millimeter herunter und fotografiere, was das Zeug hält. Genau in diesem Moment biegen auf dem nicht weit entfernten Wanderweg drei kichernde Joggerinnen um die Ecke, und der Bock springt laut schreckend ab. Puh! Der Blick aufs Display der Kamera beweist: ein faszinierender Bock. Uralt.

»Jetzt bist du dran«, sagt Richard, als ich ihm die Bilder zeige, und gibt mir den Schwarzen frei. »Ich habe meinen ja bereits«, fügt er beschwörend hinzu.

27. August. Nach zwei erfolglosen Ansitzen versuche ich zum dritten Mal, den Alten zu überlisten. Etwa 15 Minuten, nachdem ich mich gegen 18 Uhr inmitten des Waldes auf einem erst kürzlich gebauten Erdsitz eingerichtet habe, starte ich mit meinem geliebten Rottumtaler Rehblatter die erste Arie. Leider ohne Erfolg. Zehn Minuten später der nächste Versuch: wieder nichts. Aber dann, nach 20-minütiger Pause, tut sich was. Urplötzlich erscheint in einer Entfernung von höchstens 50 Metern der Methusalem, stellt sich breit und verharrt wie ausgestopft in dieser Position.

Im Zeitlupentempo mache ich mich fertig. Verdammt. Kein Kugelfang. Und da ist es wieder: Schüttelfrost, Herzklopfen, zitternde Hände ... Genau wie 2012, als es mir im Teufelsmoor zwischen Hamburg und Bremen gelang, einen fünfjährigen schwarzen Bock zu erlegen. Unvergesslich!

Ob es auch heute klappt? Kontinuierlich tropfen die Sekunden ins Meer der Ewigkeit. Endlich: Vorsichtig zieht der Schwarze weiter. Mein Zeigefinger schleicht zum Abzug, und als er zum zweiten Mal verhofft ... bedeckt der dicke Stamm einer alten Eiche das Blatt, den »Motorraum«. Kann nicht wahr sein. Nein, und nochmal nein!

Urplötzlich brettert ein Jugendlicher abseits des Wanderweges mit seinem Mountainbike durchs Unterholz. »Himmel, Arsch und Zwirn.« Es sind keine frommen Psalmen, die meinen Lippen entweichen. Blitzartig, ohne zu schrecken, springt der Alte ab. Weg ist er. Aus und vorbei! Wäre ich ein bisschen gelenkiger, ich hätte mir in den Spiegel gebissen.

Das Jagdjahr vergeht, ohne dass ich den Schwarzen noch einmal in Anblick bekomme. Verendet? Vom Nachbarn erlegt? Abgewandert? Keine Ahnung. Vielleicht hat er auch gemerkt, dass ich ihm nachstelle, oder es wurde ihm wegen der vielen Radfahrer und Spaziergänger mit Hunden zu unruhig im Stadtwald. Möglich, mutmaße ich, dass er deshalb in ruhigere Bereiche mit guter Deckung und

Äsung zog. Oder er ist nur noch nachts unterwegs, der Schlaumeier? Auf den Speicherkarten der Wildkameras allerdings erscheint er nie.

Hurra – er lebt! Mitte April sehe ich ihn im letzten Licht am Rand des Stadtwaldes auf einer Freifläche und freue mich riesig. Mit Aufgang der Rehwildjagd allerdings, damals war es noch der 1. Mai, hat ihn wieder der Erdboden verschluckt. Dann jedoch, nach der Blattzeit Ende Oktober, passt alles. Bei bestem Wind steht der Alte urplötzlich 60 Meter entfernt scheibenbreit vor mir. In aller Seelenruhe setze ich den Zielstachel aufs Blatt und ziehe in Gedanken den Abzug. In Gedanken? Ja! Einen struppigen schwarzen Bock, der gerade dabei ist, seinen »Sommermantel« auszuziehen, erlege ich nicht.

»Richtig so«, sagt Richard, als ich ihm die Story erzähle und ergänzt: »Die nächste Blattzeit kommt bestimmt. Nächstes Jahr kriegst du ihn.« Er sollte recht behalten.

Es ist Anfang August, und ich sitze drei Stunden vor Beginn der Abenddämmerung auf der Kanzel am Rand einer Wiese und beginne zu blatten. Aber die Bühne bleibt leer. 20 Minuten später folgt die zweite Arie, und dann, fast bin ich überrascht, erscheint neben einer Dickung in einer Entfernung von etwa 90 Schritt der Schwarze. Der mit der »Sonderlackierung«. An Schießen jedoch ist noch nicht zu denken, denn er äugt halbspitz stehend, wie zur Salzsäule erstarrt, in meine Richtung.

Hat er mich mitbekommen? Ich glaube nicht. Dennoch: bloß nicht bewegen. Ein kurzes Scheinäsen, und das Spiel geht in die Verlängerung. Mücken! Die verfluchten Blutsauger um mich herum nerven. Aber sie haben Narrenfreiheit. Ich ignoriere sie, wenn es auch schwerfällt. Für diesen Bock leide ich gern.

Nach mehreren Minuten beruhigt sich der Alte und ... steht auf mich zu. Langsam, mit erhobenem Haupt, trabend wie ein Zirkuspferd, kommt er näher. Jetzt sind es nur noch 70 Schritt. Ich habe ihn im Absehen, aber spitz von vorn will ich immer noch nicht schießen. Ich halte mich im Zaum und bin erstaunlich ruhig. Die richtige Taktik, denn als der Bock kaum mehr als 60 Meter entfernt ist, steht er plötzlich wannenbreit im kurzen Gras. Die Auflage ist perfekt, und als der Zielstachel auf dem Blatt steht, schicke ich das 7 x 57-Teilmantelgeschoss auf die Reise.

Nein. Sie werden nie verblassen, die Details dieser Sekunden, sicher nicht im Nebel der Erinnerung verschwinden: Nach dem Schuss scheinen die Läufe des Schwarzen den Boden nicht mehr zu berühren. Unglaublich schnell schießt er förmlich in die nahe Dickung. Gleich darauf höre ich lautes Knacken und bin sicher, dass er zusammengebrochen ist. Erst jetzt schüttelt mich das Jagdfieber.

15 Minuten später baume ich mit schlotternden Beinen sowie gefährlich hohem Blutdruck ab und begebe mich, das Gewehr vorsichtshalber im Anschlag, langsam zum Anschuss. Dem Himmel sei Dank! Nur wenige Meter entfernt entdecke ich an mehreren Grashalmen hellroten blasigen Schweiß, und schon Sekunden später stehe ich vor dem längst verendeten Methusalem. Siedend heiß jagt mir das Blut durch die Adern. Ich bin begeistert. Was für ein Bock!

Mein leider viel zu früh verstorbener Freund Erich, bekannt für deftige Sprüche, drückte es so aus: »Wenn Diana Lust zu flirten hat, kann kein Jäger widerstehen!« Ein Satz, den er während gemeinsamer Jagden unzählige Male von sich gab.

Überglücklich setze ich mich neben meinen Bock auf den Boden und bin gleichermaßen fasziniert von der nunmehr knallroten untergehenden Sonne. Schnell sinkt sie, viel zu schnell. Schon ist sie unter dem Horizont verschwunden. Irgendwann, nuschle ich mir in den Bart, widerfährt mir das gleiche Schicksal, irgendwann verschwinde ich einfach von der Bildfläche. »Arrivederci, schöne Welt!«

Die Sonne allerdings wird bis in alle Ewigkeit jeden Morgen aufgehen und die Erde und ihre Bewohner mit ihren wärmenden Strahlen erfreuen.

Wenn die Enten streichen

Ich bin erschüttert: Gleich mehrere meiner Weggefährten haben sich innerhalb weniger Jahre ins Jenseits verdrückt. Herzinfarkt, Schlaganfall, Krebs, Kreislauf, Prostata, Rücken, Altersschwäche und was es sonst noch so alles gibt. Das mit dem Sterben allerdings, nehme ich mir ganz fest vor, ignoriere ich einfach. Man muss ja nicht jeden Blödsinn mitmachen. Außerdem müsste ich dann mit dem Schreiben aufhören. Und das will ich »ums Verrecken« wirklich nicht.

Erich, Harold, Johann, Walter, Horst, Eivind, Rolf, Reemt, Ewald und Malte: Sie sind nicht wirklich tot, die Freunde. Leben in den unvergesslichen, gemeinsam erlebten Jagdtagen weiter.

Johann, alias Joke, zum Beispiel, war ein äußerst passionierter Waidmann, der uns immer wieder mit exzellenten Schießleistungen begeisterte. Auf Treibjagden wurde er aus diesem Grund immer zum vorgezogenen Flügelmann befördert. Auf seinen überdimensionalen Bierbauch angesprochen, meinte er nur: »Ein Jäger ohne Bauch ist ein Krüppel. Außerdem sind das in erster Linie Samenstränge!«

Ein Original, wie es im Buche steht. Zum Beispiel jetzt in »Im Sarg brunften keine Böcke«.

Gleiches galt für seinen Drahthaar »Brauni« – einem eigentlich guten Jagdhund, der jedoch, gelinde gesagt, eine Macke hatte. Eine schwerwiegende allerdings. Zwar fand er nahezu jedes Stück Wild und brachte es auch in die Nähe seines Herrn, nur das mit dem Ausgeben, das passte ihm nicht. »Mein Hase, mein Fasan, meine Ente, mein Fuchs!« Minutenlang umrundete er unseren guten Joke und ging jedes Mal stiften, wenn der ihn verfolgte. Lauthals brüllend gelang es Johann erst nach geraumer Zeit, seinem geliebten Hund die Beute zu entreißen. »Brauni, du Arschloch!« Ein Bild für die Götter und ein Ohrenschmaus!

Joke war einer der Ausbilder für die Jägerprüfung und hat uns, lang, lang ist's her, während des Kurses eine Menge beigebracht. Auch die erste Jagd mit ihm zusammen auf Breitschnäbel – ich weiß es noch, als wäre es gestern gewesen – war etwas ganz Besonderes. Highlights ohne Ende! Ich erzähl' mal.

Mitte November. 15 Uhr. Am vereinbarten Treffpunkt kommt Joke angestampft wie ein Nilpferd, bremst wie eine Dampflock und brüllt wie ein Löwe: »Hast du den Idioten mit seinem weißen BMW gesehen? So'n blöder Hund! Hätte mich fast umgefahren!«

Wütend, mit Schaum in den Mundwinkeln, deutet er mit der Hand Scheibenwischer vor seinem Gesicht an. Wie zum Angriff bereit, schiebt er seine Schultern vor. Der aufkommende Wind bläht sein grünes Hemd unter der geöffneten Faserpelzjacke auf, sodass der schneeweiße, mit Haaren übersäte Bierbauch sichtbar wird. Ich kann lautes Lachen nur mit größter Mühe unterdrücken. Joke, wie er leibt und lebt. Es dauert ein wenig, bis er sich beruhigt hat. Schließlich jedoch verdreht er die Augen, grinst bis zu den Ohrläppchen und präsentiert mir seine nikotingefärbten Zähne. Oben rechts fehlt einer.

Gleich darauf machen wir uns auf den Weg. Achtung! Nur wenige Meter vom Ufer des Kanals, an dem wir uns ansetzen wollen, schießt urplötzlich eine dicke Silbermöwe, einem Basstölpel gleich, aus der Luft senkrecht ins Wasser. Als sie wieder auftaucht, hat sie einen gut pfündigen Aal im Schnabel. Unglaublich! Während sie mit der sich windenden Beute in unsere Richtung fliegt, kann sich der tiefschwarze Schlängler befreien und fällt kaum zehn Meter neben uns in die Binsen. Eine solche Chance lasse ich mir natürlich nicht entgehen. Sofort flitze ich los und erwische den Aal gerade noch, bevor er in einem Rattenloch verschwindet. So habe ich noch nie einen »Räucheraal« gefangen.

Auch Joke und Brauni sind begeistert. Strahlen um die Wette. Die Möwe in der Luft dagegen schimpft wie ein Rohrspatz, schickt sich an, mir auf den Kopf zu kacken. Drei Meter daneben. Egal: Die Besitzverhältnisse sind ja geklärt. Ich ziehe den Hut und grüße den Wind, die Wolken, die Sonne und den Mond. Erst ganz zuletzt, nicht ohne Häme, die aufgebrachte Möwe.

Plötzlich hören wir Motorengeräusche. Es ist die ledige, ältere Dame aus Freund Wilhelms Nachbarschaft. Mit ihrem alten »Äppelkahn« tuckert sie übers Wasser des Kanals zu ihrem vier Kilometer entfernten Wochenendhäuschen am Binnensee.

Nachdem wir uns lediglich etwa 15 Meter voneinander entfernt im Schilf am Ufer des Kanals »unsichtbar« gemacht haben und auf den Abendstrich warten, höre ich, wie Joke mit seinem Hund spricht: »Weißt du«, sagt er, »wenn du mir endlich mal das Wild vernünftig ausgibst, kaufe ich dir nur noch das beste Futter, das es gibt!«

Brauni allerdings, er war wirklich zu 100 Prozent braun, hatte keine Lust zu reden, sondern schaute voller Passion in die Luft. Wie immer würde er Joke sofort anzeigen, wenn sich Flugwild nähert. Ich kann ihm förmlich ansehen, was er denkt. »Quatsch nicht, pass' lieber auf! In zwei Stunden ist es dunkel.«

Über die abgeernteten Äcker weht eine frische Brise, und die Läufe meiner Flinte spielen Flöte. Nicht gerade schön, aber langanhaltend. Tiefschwarze Wolken verkünden Regen ... Es geht los. Natürlich sieht und hört Brauni die Wasservögel lange vor uns, und so haben wir genügend Zeit, uns auf den Schuss vorzubereiten.

Drei Graugänse! Auch sie sind frei. Es läuft mir kalt den Rücken herunter! Wie immer, wenn ich die Möglichkeit habe, eine Gans zu erlegen. Sie fliegen in einer Höhe von maximal 30 Metern genau auf uns zu. Schade, jetzt ändern sie die Richtung. Segeln jedoch kaum mehr als 25 Meter rechts an Joke vorbei. Das heißt, sie versuchen es. Joke zieht mit, und schon bricht der Schuss. Mausetot landet die Beute im Schilf. Auf einen zweiten Schuss verzichtet er.

»Apport!«, ruft Joke. Das lässt sich Brauni nicht zweimal sagen. In Windeseile findet er die Gans und ... gibt sie natürlich nicht aus. Haut, mit der Grauen im Fang, einfach wieder ab, als Joke ihm entgegengeht.

»Blöder Köter«, entfährt es Johann. Erst Minuten später, ich sehe es an den wackelnden Schilfhalmen, hat er Brauni gestellt und entreißt ihm die Gans. Hechelnd, mit lang aus dem Fang heraushängender Zunge, steht Brauni schließlich vor ihm und bekommt von seinem stolzen Herrn frisches Wasser.

»Er findet alles«, ruft Joke mir zu. »Hast du das mitgekriegt«, sagt er, »ich habe das Ehepaar verschont und nur die Schmalgans erlegt.«

»Was?«

»Ja. Das waren Mama und Papa. Die Schmalgans, das ist so etwas wie ein Schmalreh, war wesentlich jünger und schmeckt auch besser.« Ich bin mir nicht sicher, ob er mich veräppelt, oder ob er es ernst meint. Schließlich jedoch beginnt er lautstark zu lachen. Während sein Riesenbauch, der in etwa die Ausmaße von Jokes Prachtstück hat, vibriert wie der Motor eines alten Traktors, kullern dicke Tränen aus seinem Gesicht. Unforgettable!

Danach tut sich eine ganze Weile nichts. Nur, dass der Wind ein wenig zunimmt. Und dann, aus heiterem Himmel, fragt Joke mich, wann ich zum letzten Mal in der Kirche war.

»Warum willst du das wissen?«, entgegne ich.

»Meine Kirche«, fährt er fort, »ist der Wald, sind die Wiesen, die Gewässer und die Berge. Und die Natur in ihrer Gesamtheit ist mein Gott.« Dann schaut er mich an und sagt: »Jeder kann denken, was er will!«

»Jo Joke«, antworte ich, »jeder kann denken was er will.«

Plötzlich entdecken wir nahezu zeitgleich in der Ferne einen Schoof Enten. Etwa 15 Stück. Winzig klein sehen sie aus, wie ein Schwarm Mücken. Aber wie das manchmal so ist, wenn man Glück hat: Sie kommen exakt auf uns zugeflogen. Stockenten! Erst als sie zirka 20 Meter links von mir vorüberfliegen, schieße ich. Ein Erpel fällt torkelnd zu Boden, der zweite Schuss, wiederum auf einen Erpel, bleibt ohne Wirkung.

»Apport, Brauni«, ruft Joke.

Und dann passiert das Unglaubliche. Brauni findet und bringt ... mir die Ente. Zwei Meter entfernt macht er Sitz und gibt die Beute aus.

Joke ist erschüttert, am Boden zerstört. »Kann ja wohl nicht wahr sein. Das hat er noch nie gemacht!« Keine Zeit zum Grübeln. Schon ist der nächste Schoof Stockis im Anflug. Joke geht in Anschlag und schießt eine Erpel-Dublette! Eine Augenweide, ihm dabei zuzusehen. Gleich darauf deutet er in die Luft und brüllt: »Dem Himmel sei Dank!«

Klare Sache: Brauni findet problemlos beide Enten. Nur das mit dem Ausgeben, das klappt natürlich wieder nicht. Es dauert, bis Joke seinem Hund die Beute abnehmen kann ...

Immer wieder streichen Enten über uns hinweg. Sie sind auf den Schwingen. Leider zirka 30 Meter zu hoch. Die Patronen bleiben im Lager. Dann kurze Pause. Köstlich, die belegten Brötchen und der heiße Tee in der Thermoskanne von Erika. Joke hat keine Frau (mehr), isst daher – Gelegenheit macht Diebe – doppelt so viel wie ich. Auch Brauni ist mit der Qualität seiner Würstchen und dem köstlichen Leitungswasser äußerst zufrieden. Schließlich richten wir uns erneut ein, und ich muss schmunzeln, als ein Graureiher schwerfällig klafternd wie ein führerloser Drachen kaum 40 Meter über uns hinwegfliegt. Wäre er ein Mensch, die Polizei hätte einen Alkoholtest verlangt.

Zwei Mal noch habe ich die Chance, eine Ente zu erlegen. Die eine fällt, die andere fehle ich, woraufhin mich Brauni vorwurfsvoll anschaut. »Entschuldigung!«, sage ich.

Joke macht es besser, erlegt innerhalb von 20 Minuten eine weitere Graugans und zwei Stockenten. Brauni findet sie in Rekordzeit. Die folgende Prozedur des Ausgebens, besser gesagt, des Nichtausgebens ein weiteres Mal zu beschreiben, erspare ich mir. Na bitte – auch ich erwische noch eine einzeln anstreichende Graugans. »Das ist 'ne alleinstehende Witwe«, scherzt Joke.

Was für ein Tag: Drei Graugänse und sechs Enten haben wir erlegt! Joke schenkt mir zwei Erpel und eine der Grauen. Ohne Skrupel nehme ich die »Schmalgans«, die er mir anbietet. Ein Festmahl! Erika und die Kinder werden sich freuen! Ich sehe mich bereits mit bloßem Oberkörper am Tisch sitzen, um ja mein Oberhemd nicht vollzukleckern. Hinterher duschen, und alles ist gut.

Wieder einmal haben uns sowohl die Glücksgöttin Fortuna als auch Diana persönlich über die Schultern geschaut.« »Weißt du«, sagt Joke: »Die Natur ist ein riesiger Lebensmittelladen mit enormer Vielfalt. Das Zauberwort allerdings heißt Nachhaltigkeit. Entnommen wird nur, was nachwächst.« Doof ist er wirklich nicht, unser Johann.

Zwar sinken Jokes und meine Stiefel während des Rückwegs zum Auto bei jedem Schritt tief in die aufgeweichte, wabernde Erde ein, und auch Brauni bekommt vom zähen Boden regelrechte Klei-Pfoten, aber das macht uns nicht wirklich etwas aus. Wir kennen es!

Am Wegesrand kommen uns zwei junge Frauen entgegen. Lautstark und völlig ungeniert ziehen sie über ihre Männer her: »Ich muss aufpassen, dass ich kein Kind kriege«, sagt die eine.

»Wieso das denn? Dein Mann hat sich doch sterilisieren lassen«, meint die andere.

»Eben!«

Wenigstens die Gänse auf dem Feld leben monogam, denke ich bei mir …

Bevor Joke und ich mit unserem vierläufigen Freund ins Auto steigen, sehen wir, wie der aufkommende Wind bei schwindendem Licht mit den Dunstfahnen, die nunmehr über die Wiesen und Felder geistern, zu spielen beginnt. Was für ein wundervoller Anblick! Nur wenige Meter entfernt gleitet absolut lautlos eine Eule über uns hinweg. »Eulen sind fliegende Katzen«, sagt Johann, »ihnen entkommt nichts.«

Als ich ihn Jahre später zum letzten Mal in der Stadt treffe, kommen wir irgendwie auf das Thema Sterben zu sprechen. »Weißt du«, sagt er, »viele Menschen wissen heute noch gar nicht, dass sie morgen schon tot sind.« Zehn Tage später wird auf seiner Beerdigung das letzte Halali geblasen ...

Maggi-Magie

Zwei Mal schon in den vergangenen Wochen habe ich im Revier eines Freundes in Nordrhein-Westfalen auf Sauen angesessen, jedoch leider keine Schwarte gesehen. Jetzt, Anfang Januar, versuche ich mein Glück zum dritten Mal: Fünf Zentimeter Neuschnee, gefolgt von klirrendem Frost! Besser geht's nicht.

Es ist kurz nach 16 Uhr. Warm angezogen mache ich mich mit Proviant und einer Thermoskanne voller heißem Tee im Rucksack vom geparkten Wagen aus auf den Weg zur geschlossenen Kanzel. Ein bisschen verrückt, aber: Wenn es sein muss, bleibe ich bis zum Morgengrauen. Es wäre nicht meine erste Marathon-Sitzung.

»Die Sauen kommen inzwischen jede Nacht«, sagte Wolfgang. »Allerdings zu völlig verschiedenen Zeiten. Mal ausgesprochen früh, mal erst um Mitternacht. Unpünktliches Volk!«

Weil er die 60 Meter von der Kanzel entfernte Kirrung jeden Tag mit »Maggi-Mais« unter den Holzklötzen beschickt, bin ich guter Hoffnung.

Was ist denn jetzt los? Als ich kurz vor der Kanzel bin, ändert sich das Wetter. Und wie! Ungestüm treibt mir der Westwind die Schneeflocken ins Gesicht. So heftig, dass die gesamte Umgebung milchig erscheint. Daran ändert sich auch nichts, als ich die beschlagene Brille abnehme. Sobald ich die Tür der Kanzel hinter mir geschlossen habe, werde ich sie putzen. Nicht die Tür, die Brille!

Kaum, dass ich eineinhalb Stunden sitze, haben sich die Wolken verzogen, und der mit neuem Neuschnee bedeckte Kirrungsbereich glänzt im nunmehr diffusen Licht des gut halben Mondes. Geht doch! »Maggimais« und Mond? Unschlagbar. Einfach nur grandios!

Längst hat es sich herumgesprochen: Mais mit Maggi vermischt übt eine magische Anziehungskraft auf Sauen aus. Mit anderen Worten: Sauen lassen für »Maggimais« alles andere liegen. »Maggi-Magie!« Man sagt, Maggi habe magische Kräfte! Außerdem bin ich in höchstem Maße mondsüchtig. Ich liebe sie, diese Nächte.

Die nächste Rundschau mit dem Fernglas: Die Schatten der Fichten und Sträucher sehen aus wie lichtscheues Gesindel. Der wieder einsetzende Wind schleudert den Schnee und gefrorenen Raureif von den Zweigen der Bäume und Büsche. Wunderschön, die Silbernacht unter flimmerndem Sternenhimmel. Weil der Wind zu küseln beginnt, öffne ich den Deckel des mitgebrachten Glases mit Buchenholzteer und habe sofort ein besseres Gefühl. Der intensive Geruch der schwarzen, klebrigen Masse wird die menschliche Wittrung auf ein Minimum verringern. Mittlerweile ist es 19 Uhr. Reicht das Licht zum Schießen? Ich glaube ja. Mond und Schnee sind auch heute wieder verlässliche Partner.

Oh! Gerade mal zehn Minuten später höre ich es knacken. Zunächst nur leise, dann jedoch nimmt die Intensität zu, und ich weiß, die Sauen sind im Anmarsch. Erfreulich früh. Fast 20 Minuten lang wuselt die Rotte etwa 80 Meter entfernt im Schutz des Waldes umher. Schließlich erscheint eine einzelne Sau mit einem Gewicht von etwa 40 Kilogramm an der Kirrung. Allerdings zeigt sie mir immer nur ihr Hinterteil mit dem fröhlich schlenkernden Pürzel.

Schießen? Noch nicht.

Gleich darauf wird mir ganz anders, denn innerhalb von Sekunden ist die Rotte, die sich immer noch in der Dickung außerhalb der Kirrung befindet, in Aufruhr: schrilles Gequieke, schauriges Geschrei, knackende Zweige ... Die Schwarzkittel-Sippschaft ist außer Rand und Band. Und dann flitzen Frischlinge, Überläufer und mindestens zwei Bachen, ohne zu verharren, wie Irrwische über die Kirrung. Der Mais interessiert sie nicht!

Keiler, schießt es mir durch den Kopf! Der Grund für die Aufregung kann nur ein Keiler sein. Und wieder einmal bin ich froh, nicht gleich nach Erscheinen der ersten Sau das Feuer eröffnet zu haben. Ob sich die Rotte beruhigt? Bekomme ich den Pascha in Anblick?

Die Sauen haben sich längst wieder ins Unterholz verdrückt und scheinen den Wald auseinandernehmen zu wollen. Es hört sich an, als würden Betrunkene eine Kneipe zu Kleinholz schlagen. Wiederum lautes Quieken, hysterisches Schreien, grunzende Bachen, brechende Zweige ... klare Sache. Da hat sich ein Unruhestifter eingefunden. Ähnliches hatte ich vor Jahren in Rheinland-Pfalz erlebt. Von wegen, bei der Jagd wiederholt sich nichts. Tut es doch! Mindestens eine der Bachen muss rauschig sein, und der Keiler, dieser Grobian, so jedenfalls hört es sich an, scheint keine Kompromisse zu machen.

Dann zucke ich regelrecht zusammen. Für den Bruchteil einer Sekunde sehe ich mit dem Fernglas im Stangenholz etwas Großes, Tiefschwarzes mit einem hellen Schaumball an der Frontseite. Ein Schaumschläger im wahrsten Sinne des Wortes. Das ist er, der Keiler! Schemenhaft nur, aber eindeutig kann ich den Koloss erkennen. Aber was ich auch versuche, ins Zielfernrohr bekomme ich ihn nicht.

Die Schlagadern hüpfen, das Herz trommelt. Kalte Schauer laufen mir über den Rücken. Was für ein Erlebnis. Weil es im Stangenholz sehr dunkel ist, flehe ich Diana an: »Bitte, bitte, schubs ihn raus ans Licht.« Aber mein Wunsch wird nicht erhört. Diana hält wohl gerade einen Schönheitsschlaf. Jetzt ist das Schwein weg ...

Nein, doch nicht! Plötzlich sehe ich, wiederum mit dem doppelten Glas, im dunklen Forst kurzzeitig zwei kleine Lichter glühen und weiße Waffen blinken. Trotz der Rauschzeit, die den groben Sauen gelegentlich die Sinne raubt, bleibt er vorsichtig, der Keiler. Pech. Verdammtes Pech. Er verschwindet und lässt sich nicht mehr blicken.

Fast eine Viertelstunde noch dauert das »Hörspiel« im Wald, dann jedoch herrscht Ruhe. Wohin die Schwarzkittel gezogen sind? Ich weiß es nicht. Wie spät ist es? Kurz vor 22 Uhr. Unaufhörlich schaue ich gebannt auf die Kirrung. Das Licht ist mittlerweile so gut, dass ich sogar mit bloßen Augen Einzelheiten erkennen kann. Aber es tut sich nichts. Totenstille. In unmittelbarer Nähe der Kirrung steht ein Pfahl mit einem Salzleckstein. Der erst drei Tage zuvor ausgebrachte Würfel leuchtet so strahlend weiß wie die zauberhafte Winterlandschaft.

Jetzt kommt Wind auf, fegt regelrecht durch die Wipfel der Bäume. Verdammt. Die geöffnete Fensterluke mit Sichtscheibe in Richtung Kirrung beginnt, gegen die Kanzel zu schlagen. So schnell es geht, reiße ich mir den Wollschal vom Hals und hänge ihn vor die Gefahrenstelle. Geschafft. Ruhe. Richtig kalt wird es. Gut, dass ich mich warm angezogen habe, Erika sei Dank.

»Ich möchte noch ein paar Jahre was von dir haben!«, sagte sie, als ich losfuhr.

»Na gut, wenn's denn sein muss!«

Mittlerweile ist es fast 23 Uhr. Zwar dringt das Mondlicht noch durch die heranziehenden Wolken, aber es wird von Minute zu Minute dunkler. Damit habe ich nun wirklich nicht gerechnet. Die Wettervorhersage für diese Zeit versprach klaren Himmel. Wo sind nur die Sauen? Wohin haben sie sich verdünnisiert, ohne die Kirrung anzunehmen? Der Blick nach oben verheißt nichts Gutes. Wieder ändert sich das Wetter. Sturm kommt auf, jagt die Wolken nur so über den Himmel. Das bewirkt, dass riesige Schatten dämonenhaft durch den Wald huschen. Faszinierend.

Knack! Und noch einmal: Knack! Jetzt sehe ich ihn, den dunklen Körper. Aber der wird enorm lang. Ach so: Eine zweite Sau hat sich dem »Vorgänger« angeschlossen. Sekunden später beginnen die beiden damit, den Maggimais auszubuddeln. Maggi-Magie!

Überläufer, denke ich. Was tun? Das Licht ist im Moment nicht wirklich gut. Trotz meines hochwertigen Zielfernrohrs bin ich unsicher und unterlasse den Schuss. Warten! Auch der Keiler kann ja durchaus noch einmal wiederkommen. Ha! Plötzlich erscheint schemenhaft eine dritte Sau auf dem Platz. Sie ist stärker als die beiden anderen. Aber ich traue mich immer noch nicht zu schießen. Es ist mir einfach zu riskant. Erst, wenn ich mir sicher bin, werde ich das Projektil auf die Reise schicken.

Dann jedoch, als sowohl der kleine als auch der große Zeiger der Uhr exakt auf Mitternacht stehen, ändert sich die Situation. Während eine vierte, eindeutig noch größere Sau auf der Bildfläche erscheint, blasen die anderen zum Rückzug. Im Nu sind sie in der Dickung verschwunden. Schisshasen! Lediglich der Neuankömmling steht noch auf der Bühne und beginnt, sich seelenruhig über den Rest der verbliebenen gelben Körner herzumachen. Längst hat es bei mir gefunkt. Das muss ein männliches Stück sein.

Jetzt aber nicht mehr lange fackeln. Langsam und leise nehme ich Maß, und als der Zielstachel im Leben, im Motorraum steht, lasse ich das Geschoss fliegen. Krawumm! Pulverknall und Mündungsfeuer ... Zwar verschwindet die Sau unmittelbar nach dem Schuss in der Dickung, aber lautes Krachen und die Geräusche typischen Schlegelns verraten ihr Verenden. Nachdem Ruhe eingekehrt ist, baume ich ab und bin hocherfreut, die Beute kaum 30 Meter vom Anschuss entfernt im Licht der Taschenlampe liegen zu sehen.

83 Kilo aufgebrochen bringt der Basse in der Wildkammer auf die Waage. Eine beeindruckende Sau. Der gesträubte, borstige Haarschopf über dem Stiernacken, der tonnenförmige Leib, die respektablen Waffen ... Ich freue mich riesig. Ob es der »Schaumschläger« war? Ich glaube nicht. Das Gebrech ist absolut schaumfrei!

Beschwingt und ausgesprochen zufrieden ziehe ich den Keiler mit der Wildwanne durch den Schnee zum Wagen. Geht erstaunlich, oder besser gesagt, erfreulich leicht. Viel schwerer allerdings hätte sie nicht sein dürfen, die Sau. Sonst hätte ich Wolfgang aus dem Bett werfen müssen ...

Ein Enok kommt selten allein

Mitte Dezember. 22 Uhr. Zunehmender, fast voller Mond. Mit der Hornet bewaffnet sitze ich auf der Kanzel »Himmelreich« in Ostfriesland und versuche, den von der Wildkamera ertappten Enok zu erwischen. Es ist mein erster Ansitz auf einen Marderhund, sodass ich jede auch noch so kleine Einzelheit lückenlos wiedergeben kann. Jedes Detail steht bis heute vor meinen Augen. Die einzigen Geräusche, die mir der Wind zuträgt, sind das Rascheln des Schilfs. So vergeht die Zeit.

Hallo? Als ich kurz nach Mitternacht zum sicher zwanzigsten Mal durchs lichtstarke Doppelglas schaue, zucke ich regelrecht zusammen. Am Wall unterhalb einer Erle befindet sich urplötzlich ein schwarzer Klumpen. Eine Sau? Nein. Die gibt's hier nicht. Der Marderhund! Eindeutig.

Aber vorsichtig ist er, der Neubürger aus Ostasien, ausgesprochen vorsichtig. Minutenlang prüft er, ob die Luft rein ist. Was für ein Bild: Unaufhörlich hebt und senkt er den Kopf und äugt in die Runde. Faszinierend. Ich sehe es ihm förmlich an: Ständig mit seiner guten Nase witternd, ist er unschlüssig, traut sich nicht ins Freie.

Das Herz schlägt mir bis zum Hals, der Mund ist trocken, die Zunge klebt. Es dauert ein wenig, aber dann wird aus dem Bewunderer wieder der Jäger.

Jetzt geht's drum. Langsam und geräuschlos mache ich mich fertig, warte auf den richtigen Moment. Der Blick durchs Zielfernrohr mit Leuchtpunktabsehen gibt mir Hoffnung. Das Licht reicht. Dann ist es soweit: Langsam zieht der heimliche Räuber zum 40 Meter von der Kanzel entfernt vergrabenen Aufbruch im Uferbereich des von Schilf gesäumten Teichs und beginnt zu buddeln. Entsichern, und schon verlässt das Hohlspitzgeschoss meiner Hornet den Lauf. Innerlich jubelnd sehe ich, dass er liegt. Exakt neun Kilo bringt er auf die Waage, wie ich später feststelle. Das Projektil ging mitten durchs Herz.

Ich spüre den nunmehr heftig küselnden Wind, rieche das modernde Laub auf dem Boden und trinke in vollen Zügen aus dem randvollen Kelch, den mir Diana soeben gereicht hat. Nicht zum ersten Mal sitzt sie auf meinem Schoß. Der heilige Hubertus klatscht Beifall, und die Mondgöttin Luna lächelt ...

Ein Fehler allerdings unterläuft mir dann doch noch. Anstatt Ruhe zu bewahren und auf einen eventuellen Partner des Marderhundes zu warten (heute weiß ich das), baume ich nach zehn Minuten ab und stiefle, stolz wie Oskar, mit der wundervollen Beute in der Hand zum 300 Meter entfernt geparkten Wagen. Dort angekommen, mache ich mit dem Handy ein paar Fotos und sende sie Freund Uwe, der sich genauso über den Erfolg freut wie ich.

Es bleibt nicht der einzige Enok, den ich mit der Büchse oder der Flinte erlege. Auch mit der Betonrohrfalle bin ich erfolgreich, erwische einen prächtigen Rüden. Köder: die Hälfte eines überfahrenen Hasen. Ein Freund, das zu erwähnen möchte ich nicht vergessen, schwörte auf die sogenannte Kofferfalle: »Es gibt Raubwild, das traut sich nur äußerst selten oder gar nicht in ein Rohr. Dann setze ich die Kofferfalle ein, die dem Wild wesentlich ungefährlicher vorkommt als herkömmliche Lebendfallen«, sagte er.

Mittlerweile ist der Generalist Marderhund, der »Obstfuchs«, wie er auch genannt wird, in dem gewässerreichen Lebensraum, in dem ich jagen darf, ausgesprochen heimisch, sodass wir es mit vier Worten auf den Punkt bringen: »Enok kann immer kommen!« Wenn man einen sieht, sind zehn da!

Im selben Revier, in dem sich die Marderhunde breitmachen, fühlt sich eine weitere invasive Art, ein weiteres Neozoon, ausgesprochen wohl: die scharfzahnige Nutria. Sie zu jagen, ist genauso spannend wie das Waidwerk auf den Enok. Ein kleines Beispiel.

Ende September sitze ich bereits nachmittags wiederum auf der Kanzel »Himmelreich«, um zu gucken, ob sich etwas tut. Einfach so. Auch wenn sich vor der Wildkamera seit Tagen außer Ratten, Enten und Gänsen nichts blicken ließ. Abwechselnd schaue ich von der Kirrung am Rand eines kleinen Wäldchens aufs Wasser des idyllischen Teichs vor mir. Karpfen! Mehr als zehn große Moosrücken ziehen in Ufernähe nahe der Wasseroberfläche ihre Kreise. Minuten später tauchen sie ab.

Hätte ich bloß auf der Fahrt ins Revier das Autoradio nicht eingeschaltet – dieser verdammte Ohrwurm. Immer wieder summe ich in Gedanken das Lied von Lady Chatterley: »Zu jung, um schon ganz zu verzichten, ging sie in den Wald in der Früh, und saß zwischen Tannen und Fichten, dem Waldhüter bald auf den Knien. Der hatte für sie einen langen und zärtlich verheißenden Blick. Der stillte in ihr das Verlangen und gab ihr den Schlüssel zum Glück. Das war die Lady, Lady Chatterley. Für wahre Liebe, da verzichtet sie, auf Geld und Gut und einen Ehemann, so spielt die Liebe, so steht's im Roman, so spielt die Liebe, so steht's im Roman.«

Noch tut sich nichts. Aber dann: Im letzten Licht der Dämmerung entdecke ich etwa 50 Meter entfernt auf dem Wasser des

Teichs eine ausgesprochen »seltsame Ente«. Extrem flacher Kopf mit langem Stoß. Komisch. So große Bisamratten gibt es nicht. Und ein Biber kann es auch nicht sein. Eine Nutria, schießt es mir durch den Kopf! Das Fernglas bestätigt die Vermutung. Zwar ist sie bereits Sekunden später im Schilf untergetaucht, aber ich habe genug gesehen.

Schon am nächsten Morgen sammle ich Äpfel vom Boden einer Streuobstwiese und beginne mit klein geschnittenen Stücken zu kirren. Am Ufer des Teichs entdecke ich Fraßspuren. Mehrere gut fünf Zentimeter dicke Äste einer Weide hat er angenagt, der Sumpfbiber. Zwei Tage später offenbaren mehrere Fotos der Wildkamera, dass sich um Mitternacht an der Kirrung gleich zwei verschiedene Neubürger zur selben Zeit einstellten – Marderhund und Nutria! Einen gewissen Sicherheitsabstand zum Enok allerdings hielt die Nutria peinlich genau ein.

Auf geht's: Drei Tage vor Vollmond sitze ich genau eine Stunde vor Sonnenuntergang auf der geschlossenen Kanzel und richte mich darauf ein, mindestens bis Mitternacht anzusitzen. Kleine Filzmatte unter die Hornet, große Filzmatte unter den Hintern. Umgekehrt wäre auch gegangen ... Jetzt heißt es warten.

Auweia! Da ist er wieder, der bekloppte Buntspecht. Seit Tagen schon krallt er sich an den Brettern der 15 Jahre alten Kanzel fest und hämmert drauflos, dass die Späne nur so fliegen. Benimmt sich, im wahrsten Sinne des Wortes, wie die Axt im Wald. Der Blödmann scheint es auf Würmer und Larven abgesehen zu haben. Ganz sicher ohne Erfolg. Als ich mit der Faust innerhalb der Kanzel sitzend gegen das Holz klopfe, verschwindet er. Ich bin sicher, morgen ist er wieder da. Kann ja wohl nicht wahr sein.

Bei noch gutem Licht erscheint inmitten mehrerer zänkischer Blässhühner auf dem Teich urplötzlich wieder die »seltsame Ente«. Tatsächlich die Nutria. Zielstrebig watschelt sie aus dem Wasser ans

Ufer, schüttelt sich mehrmals und beginnt sogleich völlig ungeniert an der Kirrung mit ihrer »Obstpause«. Etwas verdattert, ob der schnellen Chance, mache ich mich fertig und lasse das Hohlspitzgeschoss, als die begehrte Beute breit steht, fliegen. Liegt! Sie liegt, meine zehn Kilo schwere männliche Nutria. Das ging schnell.

Jetzt, zum Glück erst jetzt, beginne ich heftig zu zittern. Als hätte ich soeben mein erstes Stück Wild erlegt. Glückshormone durchströmen mich, minutenlang habe ich ein Lächeln auf den Lippen ... Puh, das war spannend! Ich krame eine 200 Gramm schwere Tafel Vollmilch-Nuss-Schokolade aus dem Rucksack, breche sie in der Mitte durch und beginne zu mampfen. Ja. Auch die zweite Hälfte muss noch dran glauben. »Kraftfutter« für die geschundenen Nerven. Erst jetzt stelle ich fest, dass das Haltbarkeitsdatum acht Monate überschritten ist. Ich habe es überlebt.

Auch mit einer speziellen Nutriafalle bin ich erfolgreich. Äpfel, Maiskolben, Kartoffeln und Eier locken die Nager ins Verderben. Ob man Nutrias essen kann? Aber ja. Das Fleisch der Vegetarier ist ausgesprochen schmackhaft. Mein Sohn, der beste Grillmeister, den ich kenne, hat es der ganzen Familie bewiesen!

Dramatik pur

Dramatik pur? Turbulente Tage? Oh ja! Verrückte Geschichten? Lebensgefahr? Aber ja! Davon kann ich ein Lied singen. Die Gedanken kreisen, verlassen die Gegenwart und schweifen zurück in die Vergangenheit ... Beginnen möchte ich mit einer Jagd in Britisch Kolumbien, Kanada.

September. Indian Summer. 90 Meilen südlich von Terrace. Weit oben in den Bergen der Rocky Mountains pirschen mein Freund Harry McCowan und ich auf einen Schneeziegenbock, »Mr. Billy« genannt. Damit dieser keinen Verdacht schöpft, bittet mich »Goat Harry«, so sein Spitzname, mit krummem Rücken direkt hinter ihm herzulaufen. Ich lege die Hände an seine Hüfte, und schon geht's los.

»Wir sind jetzt ein Bär«, sagt er. Die Betonung liegt auf »ein Bär«. Und wirklich. Alles geht gut. Ich schaffe es, »Mr. Billy« auf eine Entfernung von 200 Metern den Schuss anzutragen. Wie vom Blitz getroffen, bricht er zusammen. Etwa 240 Pfund wiegt er, und die Hörner haben Längen von 25 Zentimetern. Blendend weiß ist sie, die Decke meiner Schneeziege.

Etwa eine Stunde später, ich bin begeistert, erklingt die schönste Musik auf Erden. Das Heulen der Wölfe. Mehrere 100 Meter entfernt zwar, aber dennoch deutlich zu hören: Aoouuuh, aouuuh, aouuuh, aouuuh! Sicher ein ganzes Rudel. Gänsehaut! Minutenlang. »They killed something«, sagt Harry. »Sie haben irgendetwas erbeutet.«

Es bleibt spannend: Nachdem wir den aufgebrochenen Billy nach anstrengender Tortour im Wasserflieger, den wir am Ufer eines Sees angebunden hatten, verstaut haben, startet Harry die Maschine, und wir machen uns auf den Rückflug zum Camp. Kaum haben wir die ersten steilen Berge passiert, ziehen Gewitterwolken heran, und ehe wir uns versehen, fliegen wir, flankiert von 3 000 Meter hohen Gebirgszügen, im Dunkeln. Sichtweite: höchstens 50 Meter. Zugegeben, ich höre sie bereits mit den Flügeln schlagen, die Todesengel, aber Harry bleibt ruhig, zieht die Maschine, so weit es geht, nach oben und schafft es mit abenteuerlichen Manövern, alle Gefahren zu umfliegen. Okay. Als das Flugzeug die letzte schwarze Wolke verlässt, befinden wir uns gerade mal 30 Meter von einem Felsvorsprung entfernt ...

Am Abend des dritten Jagdtages sitzen »Goat Harry«, »Grizzly Doug«, Guide Allan Porter, zwei kauzige Amerikaner und ich im Camp mitten in der Wildnis am prasselnden, funkensprühenden Lagerfeuer. Genüsslich nippen wir am schottischen Single Malt, den ich mitgebracht habe. Es ist urgemütlich. Geschichten von anno dazumal machen die Runde. In besonderer Erinnerung geblieben ist mir, was Doug Rogers, alias »Grizzly Doug«, gestenreich mit todernster Mine erzählt: Vor einiger Zeit wurde er zusammen mit einem Jagdgast in tiefster Wildnis ausgesetzt. Geplant war ein Aufenthalt von fünf Tagen, sodass sie nur wenig Proviant mitnahmen. Zwar erlegt der Gast einen prächtigen Braunbären, aber die beiden können nicht pünktlich abgeholt werden, denn am dritten Tag zieht ein fürchterliches Unwetter heran, das fast drei Wochen lang unvermindert anhält. Orkanartige Stürme und Wolkenbrüche der Extraklasse. Der Flieger, der die beiden zurückholen soll, kann beim besten Willen nicht starten. »No Kaffee, shit Essen«, erzählt Doug.

Wie sie sich ernährt haben? Von Wasser aus einem kleinen Bach, vom Fleisch des Bären sowie von Raufußhühnern, denen sie mit der großen Kugel die Köpfe abschossen! Als sie schließlich nach 22 (!) Tagen gerettet werden, erschrickt der Pilot: »Sie fielen mir vor Freude um den Hals, sahen aus wie Vogelscheuchen und stanken wie Iltisse!«, lautete sein Kommentar.

»Grizzly Doug« setzt noch eins drauf: Vor exakt neun Jahren bringt er einen Jagdgast aus den Staaten mitten in einem relativ jungen Fichtenbestand auf einen gewaltigen Grizzly zu Schuss. Aber der bereits etwas betagte Herr muckt, und schweißt den Petz nur an. Unmittelbar danach schlägt dieser mit wilden »Handkantenschlägen« um sich. Innerhalb weniger Minuten fällt er mehrere der zwölf Zentimeter dicken Bäume in einer Höhe von etwa eineinhalb Metern. »Klack, klack, klack, klack, klack .« Wir Zuhörer rutschen einen ganzen Meter zurück, müssen aufpassen, dass uns Doug, der laut brüllend die Handkantenschläge des Grizzlys nachmacht, nicht vom Hocker fegt!

Aber es wurde noch dramatischer, denn in seiner Wut rückte der um sich schlagende Bär den beiden Waidmännern immer näher auf die Pelle. »Erst nach dem zehnten Schuss aus unseren Büchsen«, berichtet Doug mit nunmehr hochrotem Kopf, »ging der kapitale Grizzly kaum 15 Meter vor uns zu Boden und verendete! Noch heute schlottern mir die Knie, wenn ich daran denke!«

Schließlich lasse auch ich mich nicht lumpen und erzähle, was ich im Laufe der Jahrzehnte an verrückten Angel- und Jagdstorys so alles erlebt habe. In aller Bescheidenheit – es ist eine ganze Menge. Am besten allerdings kommt die Geschichte von »Mama Leone« aus Kenia an, wo ich im Lake Turkana den Nilbarschen nachstellte:

Eines Abends sitze ich mit mehreren Mitanglern in einer Bar, um einen Schlaftrunk zu mir zu nehmen. Gespenstisch die Atmosphäre: diffuses, durch starken Zigarettenrauch gedämpftes Licht, leise Hintergrundmusik, flackernde Kerzen, laut gestikulierende Menschen aus aller Herren Länder, bestens betreut von den »Blumen der Nacht«, deren Aufgabe es ist, sich um Zwischenmenschliches zu kümmern. Und plötzlich sitzt »Mama Leone« neben mir. Etwa 60 Jahre alt, mit einem riesigen bunten Hut auf dem Kopf. Weil sie tiefschwarz ist, bleiben mir bis heute ihre schneeweißen Zähne und das Leuchten ihrer hellwachen Augen in besonderer Erinnerung.

»Ich nix bummmßen!«, sagt sie. »Ich nur sprechen mit Gäste.«

»Ich auch nix bummmßen«, antworte ich. »Ich nur zum Angeln in Kenia.«

Da habe ich den Freunden am Lagerfeuer in Britisch Kolumbien etwas erzählt. Den ganzen Abend kichern sie rum: »Ich nix bummmßen, ich nix bummmßen!« Albernes Volk!

Überhaupt ist der ganze Urlaub in den Rockys ein einziges großes Abenteuer. Und am letzten Tag meines Aufenthalts kann ich sogar noch einen »last minute bear« erlegen: Allan, mein Guide an diesem Tag, und ich haben bei der Pirsch mit dem Boot am Ufer eines Flusses eine Stelle ausgemacht, an der über 30 »filetierte« Hundslachse liegen. »Hier muss wohl ein Feinschmecker am Werk gewesen sein«, sagt Allan.

Von Rogen keine Spur. Genau dort setzen wir uns an, und ich komme am späten Nachmittag von unserem »Erdsitz« am Ufer aus auf einen alten Schwarzbären mit einem Gewicht von fast 400 Pfund zu Schuss. Zwar bricht auch er, wie meine Schneeziege, nach dem Schuss wie vom Blitz getroffen zusammen, erhebt sich jedoch völlig überraschend nach etwa einer Minute wieder und versucht, den reißenden Fluss zu durchrinnen. Mitten in der Strömung allerdings verlassen ihn die Kräfte. Er verendet und treibt davon.

Wir lösen den Anker, springen ins Boot und paddeln, so schnell wir können, hinterher. Schließlich und endlich überholen wir die Beute und springen vom Boot aus ins Wasser. Aber wir haben uns verschätzt, stehen plötzlich bis zum Hals in den eiskalten Fluten und können uns nur mit größter Mühe auf den Beinen halten. Allan bindet sich das am Boot verknotete lange Tau um den Bauch, und gemeinsam greifen wir den herantreibenden Bären. Unglaublich, wie schwer er ist. Vollgesogen mit Wasser. Ich bekomme das Haupt zu fassen, aber es entgleitet mir. Zum Glück hat Allan, der muskulöse Leistungssportler, einen festeren Griff. Er nimmt den Kopf des Bären in den Schwitzkasten, und wir stolpern Zentimeter für Zentimeter in Richtung Ufer. Ich glaube, wir wären eher abgesoffen, als dass wir den Bären losgelassen hätten. Dass meine Jacke unter beiden Achseln aufgerissen ist und der gut zehn Zentimeter lange, tiefe Riss in der linken Hand blutet wie Sau, ist mir völlig egal.

»Black and White!«, jubelt Allan und meint damit: »Super: Du hast einen Schwarzbären und einen Billy erlegt!«

Ich verstehe. Ein Wink mit dem Zaunpfahl: Whisky! Black and White! Weil ich den jedoch nicht dabeihabe, rücke ich meinen geliebten, rauchig schmeckenden, schottischen Single-Malt raus ... Allan schnalzt mit der Zunge.

Südafrika: Wie war das noch, damals im Zululand von Mpumalanga in Südafrika? Faszinierend war's. Impala, Graudücker, Gnu, Blessbock, Kudu und Nyala habe ich während unvergesslicher, spannender Jagden erlegt. Aber da ist noch etwas.

So richtig turbulent, und davon möchte ich jetzt berichten, wird es, als ich eines Morgens nach dem Frühstück im Haupthaus der Farm in meiner Hütte in die Trekkingschuhe für die Jagd schlüpfe und feststelle, dass es im rechten Schuh etwas eng wird. Seltsam. Ein vergessener Socken? Nein. Eine etwa 50 Zentimeter lange, wunderschön gezeichnete Schlange hat bei mir übernachtet. Ist wohl durchs offene Fenster in mein Schlafzimmer gekrochen. Was für ein tolles Tier. Ich drücke die Schlange zurück in den Schuh und gehe damit in den Frühstücksraum, um meine »Beute« zu zeigen.

»Guckt mal, was ich hier habe«, sage ich und wundere mich, als sowohl die beiden anderen Jagdgäste als auch das Personal hysterisch zu schreien beginnen. In panischer Angst stoßen sie Stühle um, und es wird einsam in meiner Nähe. »Was haben die denn alle?«, frage ich den Koch in Englisch.

Weil er großen Abstand zu mir hält und viel zu schnell spricht, bekomme ich lediglich so etwas wie »Giftschlange« mit. »Die giftigste Schlange hier in dieser Gegend. Ihr Biss ist tödlich.«

Endlich habe auch ich begriffen, dass das alles kein Spaß ist. Schon kommt einer der Jagdführer mit einem großen Eimer angeflitzt und schleudert meine Schlange hinein. Deckel drauf, und nichts wie raus nach draußen. Dort kommt der Koch mit einem riesigen Messer in der Hand hinzu und befördert die Schlange mit gezieltem Hieb ins Jenseits. Kopf ab! »Puh, das war eng«, sagt einer der Waidmänner aus Dänemark.

Jetzt werde ich doch ein wenig flattrig. Mein Puls pocht wie afrikanischer Trommelschlag, und es dauert, bis ich mich beruhigt habe ... Wieder einmal ist die Sehnsucht nach neuen Abenteuern gestillt. Den Kontakt mit Giftschlangen allerdings, antwortet Freund Arndt, dem ich per SMS mitteile, was passiert ist, solle ich schon ein wenig reduzieren. »Aber so ganz ohne Lebensgefahr geht es bei dir ja wohl nicht.«

Als wir gegen Abend nach einer weiteren erfolgreichen Pirsch auf dem Rückweg zur Farm sind, werden wir von einem gewaltigen Gewitter überrascht. Grell zuckende Blitze, ohrenbetäubendes Donnern, prasselnder Regen. »Pass auf, Akki«, sagt mein Personal Hunter, der sich über nichts mehr wundert, »dass du nicht vom Blitz erschlagen wirst.«

»So viel Glück hat meine Frau nicht«, antworte ich.

Auch die folgende Geschichte ist nicht ohne: Anfang November bin ich in der Steiermark in Österreich bereits in aller Herrgottsfrühe mit Hannes, meinem Jagdführer, hoch oben in den Bergen auf der Pirsch. Er will versuchen, mich auf eine uralte Gams-Geltgeiß, die den kommenden Winter wohl nicht überlebt, zu Schuss zu bringen.

Nach einer, jedenfalls für einen Flachlandmenschen wie mich, aufgrund tagelangen Landregens ziemlich glitschigen und anstrengenden Kraxelei erreichen wir in einer Höhe von etwa 1700 Metern ein Plateau, von dem aus wir gute Einblicke in die Steilhänge und Felswände der umgebenden Berge haben. Meine Lungen pfeifen wie eine signalgebende Dampflock. Immerhin verfüge ich bereits über eine stattliche Zahl an Jahresringen. Aber ich lasse mir nichts anmerken.

Hang für Hang, Wand für Wand und Graben für Graben suchen wir mit Doppelglas und Spektiv nach der Geiß ab, bekommen jedoch kein einziges Stück Wild in Anblick. »Irgendwo hier muss sie stecken, die Alte«, meint Hannes. Na bitte. In einer Entfernung von gut 300 Metern stehen mehrere Gams. Nein, die gesuchte Geiß ist nicht dabei.

Immer glitschiger wird es, als wir weiter himmelwärts steigen. Ich kann nicht mehr. Hannes bemerkt es und schlägt vor, eine halbe Stunde Pause zu machen. Wir machen es uns neben einem Zwergwacholder bequem und lassen es uns gutgehen. Wir essen die mitgenommenen Wurstbrötchen, trinken Kaffee und glasen zwischendurch die Gegend ab. Verdammt. Wieder beginnt es zu regnen.

Kann ja wohl nicht wahr sein. Etwa 200 Meter entfernt steht vor einem Latschenfeld urplötzlich eine Gams. Jetzt bloß nicht bewegen. Hannes lächelt, während er vorsichtig durchs Spektiv schaut. Tatsächlich. Es ist die Gesuchte.

»Wie steht der Wind?«

»Müsste gehn.«

Hannes stupst mich an. »Schießen«, flüstert er und nickt mehrmals heftig mit dem Kopf, um dem Ganzen Nachdruck zu verleihen.

Ich lege mein Brötchen zur Seite und richte mich ein. Im Zeitlupentempo schaffe ich es, die Büchse auf einem Felsen in Position zu bringen und steche ein. Ich bin bereit, werde jedoch erst schießen, wenn das Blatt der Gams frei ist. Mein Adrenalinspiegel steigt. Was für ein dürres Klappergestell, denke ich, als sich die Alte breitstellt. Schon ist der Schuss draußen. »Bautz«, reißt es die Geiß von den Läufen. Während der Knall durchs Tal rollt, schlegelt sie noch kurz und hat ihr Leben exakt in dem Moment ausgehaucht, als das letzte Echo verklingt.

Jetzt, zum Glück erst jetzt, beginnt es richtig heftig zu regnen, und mir wird ganz anders. Das wird nicht einfach mit der Bergung. Und genauso kommt es. Während Hannes den am Abhang verendeten Gams seitlich aus der Gefahrenzone zu ziehen versucht, gerät er aufgrund des glitschigen Gesteins ins Straucheln und kann die folgende Talfahrt erst nach fünf Metern stoppen. Auweia.

Jetzt bin ich gefordert, robbe mich an Hannes heran, fasse seine Hand und ziehe. Mit der anderen Hand hält Hannes den Gams. Nun gibt es drei Möglichkeiten. Ich lasse Hannes los, dann rutscht er den Berg hinunter, Hannes lässt den Gams los, und der ist mit ziemlicher Sicherheit verloren, oder ich ziehe, was das Zeug hält, und alles wird gut. Ergebnis: Alles wurde gut. Mal wieder Schwein gehabt, Akki Eilts. Zwölf Jahre hatte sie auf dem Buckel, die alte Geltgeiß.

Neuer Trip, neues »Glück«. Mitte September im kanadischen Manitoba. Nach der erfolgreichen Jagd auf ein Karibu fahren mein indianischer Guide Ralph und ich bei Sonnenschein und spiegelglattem Wasser noch für ein paar Stunden auf den Nueltin Lake, um den Namaycush, den Kanadischen Seeforellen, nachzustellen. Auch das klappt. Der schwerste Fisch wiegt gut 25 Pfund.

Doch dann ändert sich das Wetter und gebärdet sich innerhalb weniger Minuten wie eine Horde wilder Tiere. Zweieinhalb Meter hohe Wellen mit schneeweißen Schaumkronen machen uns schwer zu schaffen. In Windeseile ziehen wir das Regenzeug über und verstauen das Angelgerät sowie die Fotoausrüstung im Heck des Bootes. Jetzt wird es dramatisch. Immer wieder steht das Boot bedrohlich hoch vor den Wellen.

»Wie weit ist es zum Ufer?«

»300 Meter«, brüllt Ralph.

Bei zunehmendem Wind und nicht enden wollendem Platzregen kämpfen wir im wahrsten Sinne des Wortes um unser Leben. Wenn das Boot kippt und sinkt, oder wir herausgeschleudert werden, war's das. Auweia! Der Motor heult, der Sturm peitscht, und auch der plötzlich einsetzende Starkregen macht uns gewaltig zu schaffen ... Unwillkürlich kommt mir ein Ausspruch von Friedrich dem Großen in den Sinn: »Herr, so es dich denn gibt, sei meiner Seele gnädig, so ich sie denn habe.« Galgenhumor nennt man es wohl. Noch 200 Meter bis zum rettenden Ufer. Noch 100. Noch 50 …

Dem Himmel sei Dank! Wir schaffen es, ziehen das Boot mit letzter Kraft ans Ufer und brechen völlig erschöpft zusammen. Mindestens eine halbe Stunde lang liegen wir da und sind heilfroh, als sich das Wetter langsam beruhigt. »Na, Akki« sagt Ralph, »hast wohl noch keine Lust zum Sterben gehabt, was?«

»Ne. Hab' an meine Familie gedacht. So was verleiht Kräfte!«

Wieder einmal blättre ich in meinen Notizbüchern und bin erstaunt: Auf neun weitere dramatische Begebenheiten stoße ich, sodass ich mich jetzt etwas kürzer fassen werde:

Anfang Januar sitze ich bei leichtem Tauwetter nach einer heftigen Kälteperiode in Ostfriesland nachts bei gutem Mond auf der geschlossenen Kanzel und will versuchen, einen starken Fuchs, der sich mehrmals von der Wildkamera ablichten ließ, zu erlegen. Gegen ein Uhr nachts erscheint er, und ich schieße auf eine Entfernung von 30 Metern mit dreieinhalb Millimeter starken Schroten. Was mich wundert: Der Rote liegt nicht, sondern schleppt sich mit letzter Kraft noch auf einen kleinen zugefrorenen See. Genau in der Mitte, das kann ich mit dem Fernglas erkennen, verendet er.

Weil sich bis zwei Uhr nichts mehr tut, baume ich ab, um den Roten zu bergen. Ausgesprochen vorsichtig betrete ich die Eisfläche und erschrecke. Es knackt und kracht bei jedem Schritt. Das ist nicht gut. Was soll ich tun? Bis morgen warten? Bringt nichts, Tauwetter ist angesagt! Ich riskiere es, lege mich flach aufs Eis und robbe vorsichtig zur Beute.

Wieder knackt und kracht es unaufhörlich. Irgendwie jedoch schaffe ich es, zum Fuchs zu kommen und ziehe ihn langsam rückwärts robbend zurück ans Ufer. Einen Meter davor erwischt es mich dann doch noch. Ich breche ein. Weil es an dieser Stelle zum Glück lediglich einen halben Meter tief ist, komme ich mit vollgelaufenen Stiefeln und nassen Hosenbeinen davon ... Als ich zu Hause eintreffe, schüttelt Erika mit dem Kopf und behauptet, ich hätte nicht alle Tassen im Schrank. Nun denn. Wo sie recht hat, hat sie recht ...

Die nächste Kurzgeschichte: Donnergrollen in der Lüneburger Heide! Das Gewitter, ich habe es aufgrund der vielen interessanten Anblicke von Wild nicht kommen sehen, nähert sich von hinten in atemberaubender Geschwindigkeit.

Eijeijeijeijei! Pausenlos erhellen Blitze die Landschaft. Und dann, oh mein Gott: In eine 200 Meter entfernte Eiche schlägt der Blitz ein und lässt den Baum regelrecht explodieren. Mit bloßem Auge erkenne ich, dass meterlange Holzstücke wie Geschosse durch die Gegend fliegen. Nur kurz erhellen rot züngelnde Flammen den Ort des Geschehens, werden jedoch vom plötzlich einsetzenden Regen innerhalb kurzer Zeit gelöscht. Dass der Blitz auch meine Leiter hätte treffen können, ein derartiger Gedanke kam mir natürlich nicht in den Kopf. Ich mag es nun mal, das Gewitter. Mag die Blitze, das Donnern und den Platzregen ... Was meine Frau dazu sagt? Hab' ich vergessen.

Kenia: Auf dem Flug zum Lake Turkana, wo ich noch einmal den Nilbarschen nachstellen möchte, beginnt der Motor der kleinen zweimotorigen Maschine plötzlich von Plopplopplopplopplop auf Plop...plop...plop...plop...plop zu stottern. Außer mir sitzen noch ein Vater und seine Tochter aus Berlin sowie ein Österreicher im Flieger, und wir schauen uns »ein wenig verunsichert« an. Immer größer werden die Plop-Abstände! Das war's wohl. Kreidebleich klammern wir uns an die Sitze ...

Was macht der afrikanische Pilot? Er betätigt den Hebel für den Reservetank und – schon flutscht es wieder. Plopplopplopplopplop ... Teufel aber auch!

Noch einmal Südafrika: Nach einer erfolgreichen Jagd fragt mich der Veranstalter, ob ich zum Essen in sein Privathaus mitkommen möchte. Weil ich jedoch fix und fertig, völlig platt bin, ziehe ich es vor, im Camp zu bleiben. Auch dort werde ich bestens bekocht.

Mitten in der Nacht wache ich auf, weil ich ein lautstarkes Telefonat, das einer der Jagdführer draußen vor seiner 20 Meter entfernten Hütte führt, mitbekomme. Was war passiert? Der Inhaber eines Kiosks wurde von vier Einheimischen überfallen, und hatte den Veranstalter, der nicht weit entfernt wohnt, telefonisch um Hilfe gebeten. Der setzte sich ins Auto und fuhr sofort los. Vor Ort angekommen, eröffnete einer der schwarzen Gangster sofort das Feuer und verletzte den Veranstalter lebensgefährlich. Der schoss in Notwehr zurück und tötete den Kontrahenten. Nur mit sehr viel Glück überlebte er selbst den Angriff ...

Blauhaiangeln in Irland: Während der Fahrt mit dem Wagen zum Schiff, mit dem wir auf dem Atlantik fischen wollen, umfahren wir in einer unübersichtlichen Kurve ein gewaltiges Bergmassiv. Irgendwie hat der Freund, der neben mir am Steuer sitzt, wohl kurzzeitig vergessen, dass in Irland Linksverkehr herrscht. Er fährt rechts ... Und dann passiert's: Urplötzlich kommt uns ein PKW mit deutschem Kennzeichen in hoher Geschwindigkeit entgegen, dessen Fahrer – ebenfalls rechts fährt! Unfassbar! Wir passieren uns ohne Crash. Wäre nur einer der beiden Fahrer vorschriftsmäßig gefahren, es hätte gewaltig gekracht!

Die nächste brenzlige Geschichte spielt in Alaska im Katmai-Nationalpark. An einem Wasserfall am Brooks River haben sich zwölf Bären versammelt, die unaufhörlich versuchen, die gerade zu Hunderten aufsteigenden Rotlachse zu fangen.

Nachdem ich von einer Plattform aus jede Menge Fotos geschossen habe, kommt mir auf dem Rückweg zur Lodge auf einem schmalen Pfad durch einen Fichtenwald ein riesiger Braunbär entgegen. Weil ich ein höflicher Mensch bin, mache ich dem »Einheimischen« mit großen Schritten zur Seite tretend Platz. Kaum 20 Meter von mir entfernt, tut er sich plötzlich nieder. Will wohl pennen. Nur kurz noch hebt er das Haupt und äugt mir hinterher, als ich ohne Hast langsam weitergehe ...

Auch die folgende Begebenheit soll nicht im Nebel der Vergangenheit verblassen: Ich bin mit dem Pkw auf dem Weg von Emden in die Redaktion nach Hamburg. Gleich hinter Achim bei Bremen herrscht dichter Nebel, und urplötzlich höre ich es in der Erbsensuppe vor mir mehrmals nacheinander gewaltig krachen.

Schließlich erwischt es auch mich. Zwar kann ich, weil ich langsam fahre, noch bremsen, bevor ich in den quer vor mir auf der Autobahn stehenden LKW, der soeben seine Styropor-Ladung verlor, rutsche, aber die Nachhut folgt sofort. »Zack, bumm, krach.

Zack, bumm, krach«. Gleich mehrere Personenkraftwagen sind beteiligt.

Genau in diesem Moment fällt mir ein, dass Erika mir erzählte, ein Nachrichtensprecher wäre Wochen zuvor bei einer Massenkarambolage auf der Autobahn in Panik aus dem Auto gestiegen und von einem nachfolgenden Wagen tödlich verletzt worden. Die Konsequenz: Geistesblitz! Ich bleibe im Auto sitzen und tue nichts.

Was für eine Eingebung! Nur Sekunden später donnert ein roter BMW in meine Fahrertür. Derart heftig, dass ich zur Seite geschleudert werde. Wäre ich ausgestiegen, man hätte mich von der Tür kratzen können! Zwar kam ich mit erheblichen Schrammen und Blutergüssen mit einem Leihwagen vier Stunden zu spät in die Redaktion, aber wegen einer solchen »Lappalie« lässt man sich natürlich nicht krankschreiben ... Dienst ist Dienst!

Jetzt, was »Dramatik pur« betrifft, eine Story, die ich mit meinem Drahthaar Hatz erlebte: achter Juli. Fünf Uhr morgens in Ostfriesland. Es regnet. Hatz und ich befinden uns in einem verblendeten Erdsitz und warten auf einen mittelalten sogenannten Mörderbock.

Ich will es kurz machen: Als er etwa 80 Meter entfernt erscheint, schieße ich, und er bricht blitzartig zusammen. Wahnsinn. Wo der Bock soeben noch stand, schwebt urplötzlich eine Kugel aus Wasserdampf mit einem Durchmesser von gut einem Meter über dem Boden. Was für ein Bild. Infolge des Kugeleinschlags wurde alles Wasser in der Decke des Bocks herausgeschleudert und bildete eine Wassertropfenkugel.

Hatz und ich warten etwa zehn Minuten, bevor wir uns dem Bock nähern. Dann die Überraschung: Als wir kaum noch fünf Meter von ihm entfernt sind, schießt er plötzlich in die Höhe und nimmt mich an. Wie ein Stier in spanischer Arena den Torero. Damit habe ich nun wirklich nicht gerechnet! Als er mich fast erreicht hat, sehe ich, wie Hatz vorprescht und ihm an die Drossel geht. Er zieht den Bock zu Boden, sodass ich genügend Zeit habe, das Messer zu zücken und den Angreifer abzufangen. Ich übertreibe sicher nicht, wenn ich sage, wäre mein Hund nicht dazwischengegangen, ich hätte zwei Löcher im Bauch gehabt.

Zu guter Letzt: Im Yukon fahren wir, zwei Angler aus der Schweiz, unser Guide und ich, mit Four-Wheelern über sumpfiges Gelände und schmale Pfade im Konvoi durch einen dichten Wald zu einem vielversprechenden See, in dem es kapitale Hechte gibt.

Als ich einen kurzen Augenblick etwas unkonzentriert bin, gerate ich ins Schliddern und mache den Fehler, die Beine über den Frontschutz hinaus zu spreizen, um das Gleichgewicht zurückzubekommen. Gleich darauf versuche ich, durch zwei ziemlich eng stehende Bäume zu fahren. Erst in allerletzter Sekunde gelingt es mir, die Beine wieder zu schließen und in Sicherheit zu bringen. Hätte ich es nicht geschafft, es hätte mich, genau wie Rumpelstilzchen, regelrecht zerrissen ...

Hüttenzauber

Lang, lang ist's her. Aber die Ansitze und Treibjagden bei Vrees im Nordosten des Emslandes in Niedersachsen sind unvergessen. Hier gab es sowohl Sauen und Damwild als auch Niederwild. In erster Linie Rehe, Hasen, Fasanen und natürlich Raubwild. Pächter des 580 Hektar großen Reviers waren Richard und Lugi. Unterstützt wurden sie von Fokko, Hans und Schorsch.

Die Seele des Reviers allerdings war Landwirt »Büterbernd«, auch wenn er kein Jäger war. Fast täglich sah er nach dem Rechten. Speziell in der Woche, wenn die Hütte leer stand. Wildäcker anlegen, Sturmschäden beseitigen, kleine Reparaturen ausführen ... Auf Bauer »Büterbernd« war Verlass.

Die Jagdhütte, daran erinnere ich mich mit großer Freude, strahlte eine Gemütlichkeit aus, wie ich sie nur selten erlebte. Es war einfach nur schön in Vrees. Jagdgäste, zu denen auch ich gelegentlich zählte, wurden von Küchenchef Richard kulinarisch nach allen Regeln der Kunst verwöhnt: Kaninchen mit Tomaten, Knoblauch und Speck im Römertopf zum Beispiel ließen uns regelrecht mit der

Zunge schnalzen. Wie das duftete! Einen solchen Braten konnte man nicht kaufen. Großartig. Zwischendurch einen Schluck aus der Bierflasche, ein Gläschen Korn, und dann dauerte es auch nicht mehr lange, bis ein Waidmann nach dem anderen den Gürtel lockerte.

Gleiches galt für »Richards Spezial-Taubensuppe«. Dabei allerdings machte er sich den Spaß, einen Teil des leicht angebratenen Fleisches genüsslich von den Knochen zu lutschen und war bereits satt, bevor der Topf auf den Tisch kam ... Unvergessliche Stunden, Harmonie pur. Sicher lag es auch an den Jägern, die sich blind verstanden. Geschlafen haben wir ebenfalls im »Hilton«. So hatte ich die Hütte getauft. Wenn ich mich recht erinnere, waren alle sechs Betten fast jedes Wochenende belegt.

Was für eine Wohltat: drei Tage Ruhe vor der bekloppten Welt. Jeden Tag duschen? Das fehlte noch. Katzenwäsche war angesagt. Rasieren? Ich wollte mir schon lange mal wieder einen Bart wachsen lassen. Jeden Tag die Klamotten wechseln? Von wegen! Die Frauen sind weit weg. Wie hatte Freund Uwe während eines Entenstrichs noch gesagt? »Akki, als Dreckschwein siehst du am besten aus!«

In der Tat. Jägerverwahrlosung ist 'ne tolle Sache. Ich hasse es, nach lediglich fünf Tagen die schmutzige Jagdhose auszuziehen und mich wie ein zivilisierter Mensch kleiden zu müssen. Okay. Die Unterhose wird öfter gewechselt. Ausnahmsweise.

Anfang Oktober. Früher Nachmittag. Nach einer erfolgreichen Streife mit vier Freunden auf Niederwild machen wir es uns vor der Jagdhütte gemütlich. Auf der Strecke liegen drei Hasen, zwei Fasanenhähne und eine Ringeltaube. Prasselnd züngeln die Flammen des Lagerfeuers in roten und bläulichen Farbtönen die Holzscheite empor. Es knackt, lodert und leuchtet. Wohltuende Wärme breitet sich aus. Ich liebe Lagerfeuer. Sie üben auf mich die gleiche Faszination aus wie Blitz, Donner und Platzregen während eines Gewitters. Aber das sagte ich ja schon.

Köstlich amüsiert und innerlich lächelnd schaue ich den vier Spatzen zu, die mit unbändigem Eifer einen Pferdeapfel auf unverdaute Haferkörner untersuchen. Was für ein Geschwätz. Piepen, zwitschern, quieken, plappern, zirpen, zetern ... Gut zehn Minuten fliegen im wahrsten Sinne des Wortes die Fetzen. Wunderschön, wie der aufkommende Wind mit den Dunstfahnen spielt, die über die Wiesen und Felder geistern.

Genüsslich nippen wir am schottischen Single Malt. Nur aus medizinischen Gründen, versteht sich: »Bakterien töten!« Die Hunde ziehen es vor, lediglich Wasser zu schlürfen. Viel geredet wird nicht. Gedankenverloren schauen wir in die Flammen des Feuers. Mir scheint, wir haben es uns im Paradies gemütlich gemacht. Schein? Es ist das Paradies! Keine hysterischen Menschen, keine überfüllten Autobahnen, keine Hektik. Ich genieße jede Sekunde, spüre den Wind auf meiner Haut, rieche den würzigen Waldboden, lausche dem kaum enden wollenden Gezwitscher der Vögel, schmecke die spärlichen Regentropfen auf den Lippen und kann mich nicht sattsehen an allem, was da kreucht und fleucht.

Apropos Niederwild. Im Laufe der Jahrzehnte habe ich so manchen Fasanenhahn aus der Luft geholt, aber die beste Fasanenjagd ever erlebe ich in Vrees. Mit 16 Jägern und zehn Hunden erlegen wir an einem Tag Ende Oktober während der zwei angesetzten Treiben durch erst kürzlich ausgeblühte, 70 Zentimeter hohe Senffelder insgesamt 36 Hähne. Es war einfach nur fantastisch! Hennen wurden selbstverständlich geschont.

Was für Bilder, die unaufhörlich hoch aus dem Gelben Senf springenden Hunde. Haben sie einen Fasan in der Nase, sind sie urplötzlich wie vom Erdboden verschluckt. Nur an den wackelnden Pflanzenstängeln können wir erkennen, wo sie gerade sind.

Nicht selten suchen mehrere gleichzeitig aufsteigende Hähne ihr Heil in der Flucht. Die tödlich getroffenen flattern zurück in den Senf und werden nach und nach gebracht. Mit der Beute im Fang springen die Hunde im Senf in die Höhe und suchen ihre Besitzer, die es ebenfalls nicht leicht haben, durch die Pflanzen zu kommen. Irren ist tierisch: Nicht jeder Hahn landet beim rechtmäßigen Erleger ...

»Ist das hier Raps oder Senf?«, will einer der Waidmänner wissen.

Richard, neben ihm gehend, klärt ihn auf: »Raps blüht im April und Mai und riecht sehr stark. Senf dagegen riecht kaum und blüht erst im Herbst. Schwieriger ist die Unterscheidung der Blätter. Senfblätter sind stärker gezackt, Rapsblätter eher gefiedert. Beide Pflanzenarten gehören zur Familie der Kreuzblütengewächse.« Richard muss es wissen, er ist Biologielehrer.

Mein Drahthaar Hatz, auch daran erinnere ich mich mit besonderer Freude, befindet sich gerade erst im zweiten Feld, arbeitet jedoch, genau wie die anderen Vierbeiner, großartig. Als hätte er nie etwas anderes gemacht. Richtig stolz bin ich. Angereist mit dem Pkw von Emden aus bin ich mit Freund Walter. Einziger Wermutstropfen – Walters Drahthaar »Fürst« musste zu Hause bleiben: Er und Hatz waren vom ersten Kontakt an Todfeinde. Wenn sie, die beiden Kopfhunde, sich sahen, fletschten sie sofort und ohne Unterlass laut knurrend mit den Zähnen. Selbst auf eine Entfernung von 20 Metern. Beide im Auto? Sie hätten sich zerfleischt! Keine Ahnung, warum sie sich nicht riechen konnten. Das allerdings tat der Freundschaft zwischen Walter und mir keinen Abbruch. Natürlich nicht.

Im Dezember gleichen Jahres geht es bei gutem Mond auf Sauen. Die Strecke: vier Schwarzkittel mit sechs Jägern! Alles passt. Bereits um 23 Uhr sitzen wir wieder in der Hütte und freuen uns unseres Lebens.

Wie war das noch? Als wir uns an der Hütte trafen, hatte der eine Husten, der andere Schnupfen und ein Dritter Rückenschmerzen. Aber, wie durch ein Wunder, waren alle Wehwehchen bereits nach wenigen Stunden verschwunden. Der Gang drahtiger, die Blicke lebendiger. Sogar das Röcheln der Lunge ist weg. Wir sind kerngesund, müssen nicht ins Fitnessstudio.

Nur mit dem Schlafen, das war nicht ganz so doll. Einer drehte sich alle paar Minuten derart heftig um, dass der Lattenrost unter ihm gewaltig quietschte. Zwei andere schnarchten so laut, dass die »normalen Jäger« glaubten, sich in einer Bärenhöhle zu befinden. Auch die Hunde ließen sich nicht lumpen: leises Schnaufen, Stöhnen und Jiffeln. Unaufhörlich zuckten die Läufe. Sicher waren sie im Traum auf der Jagd und versuchten gerade, Wildwittrung in die Nase zu bekommen.

Am letzten Morgen klingelt in aller Frühe der Wecker, und im Nu ... sind die Hunde wach. Irgendjemand bringt es fertig, das asoziale Blechinstrument zum Schweigen zu bringen. Und dann ... schlafen alle weiter. Sowohl die Zwei- als auch die Vierbeiner. »Heute wird nicht mehr gejagt!«

Irgendwann beginnt der Erste, sich das Gesicht zu waschen. Ein anderer wirft den Holzofen an, und schon bald riecht die ganze Hütte intensiv nach Kaffee. Brötchen, Butter, Käse, Marmelade, Wurst und Eier befinden sich bereits auf dem Tisch. Nach und nach stellen sich alle Waidmänner ein: Frühstück ist fertig!

Draußen wird es neblig. ’ne richtige Erbsensuppe. Sichtweite? Höchstens 30 Meter. Die Welt ist zusammengeschrumpft: 30 Meter lang, 30 Meter breit, 20 Meter hoch. Na und? Drinnen in der Hütte herrscht eitel Sonnenschein! Nicht weit entfernt im Dorf kräht ein Hahn ... Was für ein Leben!

Am Dachsbau

Mitte September im Mittelgebirge. 18 Grad, trocken. Bereits eine halbe Stunde vor der Abenddämmerung sitze ich auf einer 35 Meter vom Dachsbau entfernten offenen Kanzel und bin guter Dinge, dass es klappt, einen Schmalzmann zu erlegen. Vielleicht sogar zwei, denn die Wildkamera hat mir erzählt, dass die beiden großen Marderartigen ihren Unterschlupf jede Nacht spätestens um 23 Uhr verlassen.

Die Kanzel befindet sich inmitten eines Buchenwaldes an einem Hang. Kurz bevor die Sonne untergeht, strahlt sie golden durch die Lücken im Blätterdach und bringt den Waldboden mit unzähligen Lichtbündeln förmlich zum Glühen. Als Waffe führe ich meine bewährte Büchse im Kaliber 7x57 mit lichtstarkem Zielfernrohr. Die drei Ausgänge des Baus, das kann ich mit dem Fernglas genau erkennen, sehen aus, wie mit einem Besen bearbeitet. Der nahezu blattfreie, pieksaubere »Pirschweg« der Dachse, die Rinne, führt direkt ins Innere der Höhle und spricht Bände. Hier schleppten sie Heu an, die Maskenträger, um ihre Winterbehausung auszupolstern. Möglicherweise fühlen sie, dass die kalte Jahreszeit in diesem Jahr früher als sonst beginnt.

Vor genau einem Jahr hatte ich vor einem anderen Bau beobachtet, wie eine alte Dachsfähe mit dem »Nistmaterial« zwischen den Vorderläufen rückwärts in den Bau einschliefte. Man nennt es auch »Heu machen«. Ein faszinierender Anblick. Erst Ende Oktober gelang es mir, sie zu erlegen.

Zurück zu meinem Ansitz. In zwei Tagen haben wir Vollmond, und ich richte mich darauf ein, dass sich der oder die Höhlenbewohner ab sofort jederzeit blicken lassen können. Und schon kriecht die Dämmerung in den Wald. Es beginnt dunkel zu werden. Draußen, auf weiter Flur, bleibt es etwas länger hell. Mitten hinein in die Stille flötet eine Amsel ihr Abendlied. Zwei jagende Fledermäuse sind ausgesprochen erfolgreich. Kein Wunder, Insekten gibt es hier reichlich. In der letzten Dämmerungsphase nehmen die bizarren Schatten um mich herum zu. Je länger ich hinschaue, umso ungewöhnlicher präsentieren sie sich. Wenn die Blicke lange genug verharren, beginnen sich die Objekte zu bewegen. Nicht mehr lange, und der nahezu kreisrunde Mond geht auf.

Während ich bei noch einigermaßen guter Sicht mit dem Fernglas abwechselnd zu den Öffnungen der Röhren schaue, steigt die Spannung, denn es ist immer wieder etwas Besonderes, wenn sich ein Dachs wie aus dem Nichts schemenhaft auf die Bildfläche schiebt. Hat sie Kohldampf, die Maskenmännergesellschaft, oder pennen sie noch?

Eine Sau! Kaum 60 Meter entfernt wuselt ein Überläufer durch die Büsche. Deutlich kann ich ihn sogar mit bloßen Augen noch ansprechen. Eindeutig ein Überläufer. Zu Schuss jedoch komme ich nicht, denn schon hat ihn der Bewuchs im Wald verschluckt.

Als der Waldkauz zum dritten Mal mit schrillem Ruf die Stille unterbricht, läuft es mir kalt den Rücken herunter. Aber noch tut sich nichts. So vergeht die Zeit. Schließlich ist es stockdunkel. Würden sich die Dachse jetzt blicken lassen, ich könnte nichts ausrichten. Einige Meter links knackt es. Aber so intensiv ich auch durchs Doppelglas schaue, ich kann nichts erkennen. Es ist einfach zu dunkel. Ein Reh, ein Hase, ein Fuchs, ein Marder oder Schmalzmann persönlich? Ich weiß es nicht.

Ehe ich mich versehe, ist eine halbe Stunde vergangen, ohne dass ich irgendwo eine Bewegung wahrnehmen kann. Dann jedoch kommt Licht ins Dunkle: Der Erdtrabant gibt sich die Ehre. Langsam, ganz langsam erhebt er sich über den Horizont und spendet zwischen den Baumstämmen spärliches Licht. Ob sich der Dachs während der Dunkelheit klammheimlich davongemacht hat? Ich glaube nicht. Immer heller wird es. Und da ist es dann wieder, dieses unglaubliche Glücksgefühl, wenn sich die schwarz-weiße Maske am Rand der Röhre zeigt. Minutenlang sichernd, bewegt der Dachs kaum merklich den Schädel.

Ich höre, wie mein Herz schlägt, spüre, wie der Blutdruck steigt. Meinem Gegenüber gleich verhalte auch ich mich mucksmäuschenstill, traue mich nicht einmal, das Fernglas an die Augen zu nehmen. Der Höhlenbewohner äugt zu mir herüber. Wittert. Aber der Wind steht gut. Genauso unvermittelt wie er erschien, ist er wieder weg, der »Gräwing«. Zurück im Bau. Hat er mich mitbekommen? Eher nicht.

Weil ich jetzt weiß, dass er da ist, nutze ich die Situation und mache mich fertig für den Schuss. Allerdings: Wenn Schmalzmann seinen walzenförmigen Körper aus dem Bau geschoben hat, werde ich warten, bis er mindestens fünf Meter davon entfernt ist, um zu vermeiden, dass er sich bei einer nicht sofort tödlichen Kugel verklüftet.

Schon passiert's: Der lautlose Sohlengänger verlässt sein Zuhause, verhofft einige Sekunden direkt vor dem Bau und bleibt mehrere Meter weiter ein zweites Mal breit stehen. Der Zeigefinger der rechten Hand schleicht zum Abzug und … krümmt sich. Donnernd rollt das Echo des Knalls über den Hang. Mir ist, als hätte ich in einen Sandsack geschossen. Ohne jegliches Zucken ist der Dachs augenblicklich verendet. Wie ich später feststelle, ging die Kugel ein wenig diagonal durchs Herz. Durchatmen. Die Anspannung weicht stiller Freude, und ich beschließe, bis Mitternacht zu bleiben. Vielleicht steckt Dachs Nummer zwei ja noch?

Nur Sekunden später ertönt in der Ferne ein dumpfer Knall. »Waidmannsheil«, flüstere ich, hoffe, dass auch der unbekannte Jäger erfolgreich war. Immer heller wird es. Die Silberscheibe am sternenklaren Himmel erzeugt ein nunmehr gleichmäßig diffuses Licht, und ich kann richtig gut sehen. So vergeht eine weitere Viertelstunde ohne jeden Laut, ohne dass ich irgendeine Bewegung wahrnehme. Immer wieder schaue ich durchs Fernglas und freue mich über den großen dunkelgrauen Räuber mit der schwarz-weißen Maske. Mein Dachs, meine Beute.

Ich weiß nicht, der wievielte Rundblick es ist, aber während eines erneuten Abglasens, etwa eine halbe Stunde später, erscheint am Ausgang der ganz rechts befindlichen Röhre der zweite Geselle aus der Familie der Grimbarts. Nur kurz, aber eindeutig, kann ich das schwarz-weiße Gesicht erkennen. Ich hab's geahnt. Ich hab's gewusst. Heute passiert was. Sollte ich tatsächlich auch den zweiten unserer größten Marder noch erwischen?

Fünf Minuten später kommt der Dachs völlig vertraut an die Erdoberfläche und tappt, kann ja wohl nicht wahr sein, zielstrebig zum Gestreckten. Dort windet er kurz und zieht dann, so scheint es, absolut ruhig ein paar Meter weiter, um wiederum zu verhoffen. Verdammt. Woher kommt denn plötzlich die Wolke, die sich genau im falschen Moment vor den Mond schiebt? Zwar kann ich den Dachs mit dem Fernglas erkennen, im Zielfernrohr der Büchse jedoch erscheint er mir für einen Schuss zu verschwommen. Nur langsam, viel zu langsam, treibt der leichte Westwind die Wolke an der weißen Himmelsscheibe vorbei, und ich bin davon überzeugt, dass sich Schmalzmann verdrückt hat.

Von wegen. Als es hell wird, sitzt er immer noch lethargisch dösend am Fleck. Muss sich nach dem langen Tag in der Dunkelheit wohl erst an die neuen Lichtverhältnisse gewöhnen. Oder trauert er um seinen toten Lebensgefährten? Ich warte, will ganz sicher sein, ihn perfekt treffen zu können. Dann jedoch passt es, und ich schicke das Projektil auf die Reise. Zwar liegt Dachs Nummer zwei nicht auf der Stelle, aber nachdem er etwa zehn Meter ins Unterholz geflüchtet ist, höre ich, wie er röchelnd zusammenbricht.

Weil die Schweinesonne, oder besser gesagt, die Dachssonne, bei mittlerweile wieder wolkenlosem Himmel, für bestes Licht sorgt, bleibe ich noch eine halbe Stunde sitzen und genieße die Stimmung. Dann allerdings baume ich ab, berge mit Hilfe meiner Taschenlampe die beiden Dachse und schleppe sie, jeweils einen in jeder Hand, zum Auto. Rucksack und Gewehr befinden sich an der Schulter. Fast hätte ich es vergessen: Der zuerst erlegte Rüde wog 15 (!) Kilogramm, mein für viele Jahre stärkster Schmalzmann. Die folgende Fähe brachte nahezu zehn Kilo auf die Waage. Auch nicht schlecht.

Wo ich gerade so darüber nachdenke, fällt mir eine weitere Dachsgeschichte ein: Es war in einer Julinacht, und ich saß vier Tage vor Vollmond bei für die Jahreszeit erstaunlich gutem Licht mitten im Wald auf der Kanzel vor einer gut einsehbaren Kirrung, um den Sauen auf die Schwarte zu rücken.

Gegen Mitternacht entdeckte ich plötzlich einen großen Dachs, wahrscheinlich einen Rüden, der, wie ein Schweißhund auf der Wundfährte, etwas zu suchen schien. An den Leckerbissen an der Kirrung jedenfalls war er nicht interessiert. Und dann zuckte ich regelrecht zusammen. Wie aus dem Nichts erschien ein zweiter Dachs auf der Bühne und machte unmissverständlich Gebietsansprüche geltend. Ich bin sicher, ebenfalls ein Rüde: »Das hier ist mein Revier! Hier ranze ich seit Jahren. Verschwinde!«

Leider konnte ich nicht alle Einzelheiten des nun beginnenden Kampfes erkennen, sah jedoch immer wieder zwischen den vermodernden Baumstümpfen, dass sich die beiden Erdmarder regelrecht fetzten. Unaufhörlich gingen sie sich schnaufend und knurrend im wahrsten Sinne des Wortes an den Kragen. Nachdem sie sich etwa zwei Minuten lang ineinander verbissen hatten, wobei sie sich mehrmals überschlugen, ertönten Schreie, die mich erschauern ließen!

Hätte ich die Dachse nicht in Anblick gehabt, ich hätte per Handy die Polizei gerufen: »Hier wird gerade jemand umgebracht!« Das also waren sie, die unheimlichen nächtlichen Ranzschreie, die ich schon mehrmals gehört hatte und über die bereits so viel geschrieben wurde. Schreie, die in der Tat Ähnlichkeit mit angsterfüllten, menschlichen Hilferufen hatten. Ich werde sie nie vergessen, diese Nacht.

Rosen wie Frikadellen

Johann senior lerne ich auf dem Wochenmarkt in Emden kennen, wo er drei Mal in der Woche Blumen und Sträucher verkauft. Weil wir beide bis auf die Schuhe grün gekleidet sind, dauert es nur wenige Minuten, bis wir voneinander wissen, dass wir mit großer Begeisterung sowohl den Fischen als auch dem Wild nachstellen.

»Du Angler und Jäger?«

»Ja, du auch?«

»Ja.«

Und gleich nachdem ich ein paar Sträucher für unseren Innenhof erworben habe, lädt er mich zur Taubenjagd im Herbst ein. So sind sie, die Ostfriesen.

Bereits mein erster Versuch in Vossbarg bei Wiesmoor ist ein voller Erfolg. 13 Tauben erlege ich, Johann 22. Mitte Juli des nächsten Jahres fragt er mich, ob ich Lust habe, einen Bock zu schießen. Er hätte es mehr mit den Tauben. Was für eine Frage? Natürlich hatte ich Lust. Der Beginn einer großen, langjährigen Freundschaft.

Der erste Bock in Johanns Revier ist mir in besonderer Erinnerung geblieben: »Setz dich auf die offene Kanzel am Waldrand«, sagt Johann. »Du weißt ja, wo sie steht. Da geht ein älterer Bock. Hab ich extra für dich reserviert!«

So sind sie die Ostfriesen! Sorry. Sagte ich ja schon. Auf geht's. Die Brunft ist in vollem Gange, weshalb ich schon um 18 Uhr auf der Kanzel sitze. Kaum, dass ich mich eingerichtet habe, kommt Bewegung in die Sache. 80 Meter entfernt schiebt sich ein Jährling durch die Büsche. Sogar mit bloßem Auge kann ich das dünnstangige Gehörn und das Kurzwildbret erkennen. Er bekommt Besuch: Ein fuchsrotes Schmalreh. Geschwister? Gut möglich.

Auf der Ablage des Hochsitzes landen drei geflügelte Ameisen. Auch bei ihnen beginnt die Paarungszeit. Mein Biologielehrer erklärte es so: »Den Damen wachsen Flügel, um ihren künftigen Partnern vorzugaukeln, sie seien Engel!« Ich bin sicher, so manches Männchen fällt auf die arglistige Täuschung herein.

Was hoppelt denn da? Drei Rammler und eine Häsin. Schon fetzen sich die Rammler. Backpfeifen ohne Ende. Laut kreischend flattert eine Amsel davon, und nicht weit entfernt schimpft ein Eichelhäher wie ein Rohrspatz. Lediglich den Buntspecht tangiert das alles peripher. Er spielt den Zimmermann, hämmert auf einem vom Wind gefällten Baumstamm herum, dass die Fetzen nur so fliegen. Als bekäme er es bezahlt.

Na bitte: Kaum 200 Meter links von mir schießen in irrsinnigem Tempo zwei Rehe förmlich aus dem Wald. Unverkennbar Bock und Ricke. Jetzt lassen sie es etwas langsamer angehen. In gleichmäßigem Abstand treibt der Pascha seine Auserwählte schlangenförmig über die grüne Wiese. Weithin ist das Fiepen der Ricke zu hören. Sie ziert sich. Langsam fixiere ich das Spektiv und mag kaum glauben, was ich da sehe. Mein lieber Schwan! Der hat richtig was auf dem Kopf. Einen derart starken Bock habe ich nicht erwartet. Wenn ich mich nicht irre, beidseitig dicke, schwach vereckte, weit über Lauscher hohe Spieße mit starker perlenreicher Basis. Speziell die Rosen sind von beeindruckender Größe, sehen aus wie gebratene Frikadellen. Das muss er sein, der Bock, den Johann mir freigab.

Und während ich den Methusalem in seinem knallroten Overall so beobachte, denke ich, dass ich ihn viel schwerer ausgemacht hätte, wenn seine Decke grün wäre, so wie die saftige Wiese, auf der er gerade mit seiner Auserkorenen äst. Hirsche, Sauen, Füchse, Hasen ... Was wäre, wenn sie alle im Sommer grün, im Herbst bunt, im Winter bei Eis und Schnee weiß wären? Was für Gedanken ...

Jetzt geht's im Kreis herum. Hexenring. Mehrmals nacheinander. In einer Entfernung von 180 Metern tut sich der Alte nieder. Er muss sich wohl etwas erholen. Die Ricke hingegen beginnt sofort wieder damit, frisches Gras und saftige Blätter zu zupfen. Als fünf Minuten später die Ricke nässt, erhebt sich der Bock und prüft mit dem Windfang, ob sie paarungsbereit ist. Er zieht die Oberlippe hoch und bewindet den Urin. »Jo. Da geht was.« Deutlich kann ich dem Kapitalen beim Blick durchs Spektiv ansehen, dass er erregt ist.

Was sagt die Wissenschaft? »Die Rehwildbrunft wird von einem Sekret der Ricke ausgelöst, das sie über Drüsen in der Haut und den Urin absondert. Ein Duft, dem kein Bock widerstehen kann. Er wird derart stimuliert, dass er alles um sich herum nahezu ignoriert.« Genau diesen Eindruck erweckt der Pascha.

Obwohl die Ricke so tut, als wolle sie dem Liebhaber entkommen, werden ihre Fluchten stetig langsamer. Schließlich steht sie und lässt sich beschlagen. Das allerdings dauert nur wenige Sekunden. Eine Prozedur, die sich in der nächsten halben Stunde noch zwei Mal wiederholt. Ich überlege. Vielleicht sollte ich abbaumen und den gleichen Trick wie unsere Vorfahren vor 10000 Jahren anwenden. Soll versuchen, mich dem begehrten Bock mit einem roten Mantel sowie einem Jährlingsgehörn auf dem Kopf »vierbeinig« mit erhobenem Haupt gegen den Wind bis auf Schussentfernung zu nä hern? Wenn die Steinzeitmenschen mit Hirschschädelmasken auf dem Kopf und Fell über dem Körper auf Speerwurfentfernung an Rothirsche herangekommen sind, warum sollte das nicht auch bei der Bockjagd klappen? Jetzt geht die Phantasie aber mit mir durch.

Zurück zur Gegenwart. Ich habe Glück. Immer näher kommt das Pärchen. 120 Meter, 100 Meter, 80 Meter ... Schließlich sind sie höchstens noch 60 Schritte von mir entfernt. Und als der Alte breit stehend verhofft, das Absehen mitten im Leben steht, drücke ich ab. Auf das Torpedo Idealgeschoss meiner 7x57 ist Verlass: Nach kurzem Zeichnen und einer Todesflucht von gerade mal zehn Metern fällt der Bock um wie ein Kipphase und rührt sich nicht mehr. 15 Minuten später stehe ich vor der Beute und bin begeistert. Was für ein beeindruckendes Tier. Kräftiger Körper, strammer Träger, beidseitig lange Stangen, dick wie Zigarren. Rosen groß wie Frikadellen. Schneeweiß sein Gesicht. Alles genau wie angesprochen. Ich brauche dem Bock nicht in den Äser zu fassen, weiß auch so, dass er alt ist.

Nachdem ich ihn mit zusammengebundenen Läufen über die Schulter gehängt habe und zum Wagen gehe, ist alles, was vorn einen Schnabel und hinten einen Schwanz hat, in Sangeslaune. Das Abschiedskonzert für einen Lebensgefährten. Auch Johann ist begeistert, als er den Bock sieht und ich ihm die Geschichte erzähle. »Ganz herzliches Waidmannsheil«, sagt er.

»Waidmannsdank«, antworte ich. »Diesen Bock werde ich mein Lebtag nicht vergessen!«

Unheimlich heimlich

Ich liege in meinem Jagdzimmer auf dem Sofa, um mich ein wenig auszuruhen und schaue, wie so oft, auf die Trophäen an der Wand. Noch sind es nicht so viele, dass ich Gedächtnislücken habe. An jede einzelne Erlegung kann ich mich erinnern. Besonders lange verweilen die Blicke auf dem Gehörn eines interessanten Bocks, den ich beim Pirschen im Revier von Freund Ewald erlegte.

Die rechte perlenreiche Stange ist 26 Zentimeter lang und beeindruckt mit einer extrem langen Vordersprosse. Die linke Stange besitzt zwar ebenfalls eine lange Sprosse, die jedoch weist genau umgekehrt nach hinten. Alter des Bocks: Mindestens sechs, eher sieben Jahre. Jetzt, wo ich so darüber nachdenke, erscheint vor meinem geistigen Auge aus dem Dunst der Vergangenheit der Bock. Klar und deutlich. Gestochen scharf.

Es ist Anfang Mai, später Nachmittag, 20 Grad. Die Sonne strahlt, der Kuckuck ruft, und der Raps auf den Feldern duftet wie teures Parfüm ... Ich liebe ihn, den Mai. Aber nicht nur aus genannten Gründen. In erster Linie, weil die Bockjagd beginnt. Auf dem Weg ins Revier, während der Pirsch auf den besonderen Bock, kommen Ewald und ich an einem kleinen See vorbei und erfreuen uns an den unzähligen laichenden Brassen in Ufernähe. Überall spritzt es. Deutlich ist ihr Laichausschlag zu erkennen. Ein etwa dreipfündiger Fisch springt aus dem Wasser ans flache Ufer und landet direkt vor unseren Füßen. Dort bleibt er mehrere Sekunden liegen, bevor er zurück ins Wasser hüpft. Wir hätten ihn greifen können. Ja, Wahnsinn!

Auch die Schleien feiern Hochzeit. Kaum sieben Meter vom Ufer entfernt wälzen sie sich inmitten eines Seerosenfeldes derart wild an der Oberfläche, dass das Wasser nur so brodelt. Unaufhörlich schlagen sie das kühle Nass zu schmutzigem Schaum. Zwei kapitale Tincas lassen es etwas gemütlicher angehen. Sie feiern wohl schon Silberhochzeit. Vielleicht sogar die goldene. »Gemach, gemach! Gut Ding braucht Weil.«

Minuten später wird es urplötzlich ruhig am See. Gemächlich schwimmen die Schleien an der Wasseroberfläche. Nur ihre Rückenflossen schauen heraus. Es sieht gespenstisch aus, als sie bei aufsteigendem Nebel um die Seerosen herumschwimmen. Wie Haifische um das Floß eines Schiffbrüchigen. Auch die Brassen scheinen ihr Werk vollendet zu haben. Sie sind abgetaucht.

Wir Penner. Die Flossenträger zogen uns derart in den Bann, dass wir den Bock, es ist zweifelsfrei der Gesuchte, erst jetzt beim Abglasen in 200 Metern Entfernung am Rand eines schilfbestandenen Grabens entdecken. Ach so, ja. Hab' ich noch gar nicht erwähnt: Ewald hatte mich drei Tage zuvor angerufen und auf besagten Bock eingeladen, wollte mich freundlicherweise bei der Pirsch begleiten. Ansitzen versprach kaum Erfolg, denn der »unheimlich Heimliche«, war heute hier, morgen da.

»Weißt du was«, sagt Ewald, »ich bleibe, wo ich bin. Pirsch du ihn alleine an. Zu zweit kriegt er uns mit. Ganz sicher.«

»Okay.«

Langsam und vorsichtig schleiche ich am Rand eines kleinen Wäldchens, jede Deckung nutzend, vorwärts. Nachdem bereits der dritte Ast unter meinen Füßen knackt, ziehe ich die Trecking-schuhe aus und gehe auf Socken weiter. Der Erfolg ist grandios. Ab sofort kann ich die Füße fast so sanft aufsetzen wie ein Fuchs bei der Mäusejagd. Puh. Schweiß läuft mir von der Stirn die Wangen hinunter. Aufregung oder Altersschwäche? Natürlich Aufregung. Damit die Uhr an meinem Handgelenk im nunmehr gleißenden Sonnenlicht nicht reflektiert, nehme ich sie ab und verstaue sie in der Jackentasche. Verdammt. An meinen Nasenflügeln und an den Ohren machen sich zwei dicke Stubenfliegen zu schaffen. Es kitzelt. Aber ich bleibe tapfer. Schließlich verschwinden sie.

Achtung – eine Ricke mit erst vor wenigen Tagen gesetztem Nachwuchs! Zum Glück ebenfalls 200 Meter entfernt. Ich erfreue mich an den tapsigen Gehversuchen der beiden Kitze, den Raufereien der 150 Meter entfernten Hasen und dem intensiven Duft gelben Rapses. Fünf Minuten später huscht etwas Knallrotes durch die Augenwinkel. Ein bereits voll verfärbtes Schmalreh. Wo ist der Bock? Ich sehe ihn nicht mehr. Ja, bravo.

Kurz darauf erscheint er am Rand einer Dickung in einer Entfernung von etwa 130 Schritt. An Schießen jedoch ist noch nicht zu denken, denn er äugt halbspitz verhoffend, wie zur Salzsäule erstarrt, in meine Richtung. Jetzt bloß nicht bewegen. Ein kurzes Scheinäsen, und das Spiel geht in die Verlängerung. Die verfluchten Fliegen. Sie sind zurück. Ich ignoriere sie einfach. Wie ein Komodo-Waran krieche ich über den Boden und erreiche nach 20 Metern eine Schwarzerle, an der ich anstreichen kann.

Der Recke ist nervös. Hat er mich mitbekommen? Nein. Nach wenigen Minuten beruhigt er sich und zieht auf mich zu. Langsam, mit erhobenem Haupt, kommt er näher. Jetzt sind es nur noch 110 Schritt. Aber spitz von vorn, zumal auf diese Entfernung, will ich nicht schießen. Ich entschließe mich abzuwarten und bin plötzlich erstaunlich ruhig. Die richtige Taktik, denn als der Bock kaum 80 Meter entfernt breit stehend verhofft, schicke ich das 7 x 57er-Teilmantelgeschoss auf die Reise. Zwar schleppt sich der Getroffene noch ein paar Meter weiter in einen kleinen Schilfbereich, aber ich bin sicher, dass er nicht weit kommt. Eine Viertelstunde später begebe mich zum Anschuss. Lungenschweiß! Auf den Blättern des Grases leuchtet mir hellroter, blasiger Schweiß entgegen. Derart viel, dass es keine Kunst ist, den bereits verendeten Recken zu finden. Voller Dankbarkeit setze ich mich neben ihn und warte auf Ewald.

15 Minuten später ist er da und genauso begeistert wie ich. »Ganz herzliches Waidmannsheil«, brüllt er mich förmlich an. Und noch einmal: »Ganz herzliches Waidmannsheil!«

»Waidmannsdank!«

Gemeinsam machen wir uns daran, die großartige Beute zu versorgen. Und kaum, dass wir fertig sind, beginnt es in der Ferne zu donnern. Ein gewaltiges Gewitter ist im Anmarsch. Wind kommt auf. Er zerzaust meine Haare, veranlasst mich, die Augen zusammenzukneifen. Furchterregend schnell schweben die tiefschwarzen Wolken heran und mahnen zur Eile.

Eile? Von wegen! Wie immer, wenn ein Unwetter naht, habe ich es überhaupt nicht eilig. Ewald ist genauso gestrickt wie ich. Wir verschanzen uns hinter zwei dicken Eichen, die kaum zehn Meter voneinander entfernt zu wahren Riesen herangewachsen sind, ziehen die Jacken über die Köpfe und lassen den Sturm und den nunmehr einsetzenden Platzregen über uns hinwegbrausen. Nur wenige Meter über der Erde fliegend, versuchen mehrere Rabenkrähen mit schweren Flügelschlägen ihre Schlafplätze zu erreichen. Das jedoch ist alles andere als einfach.

Mit brachialer Gewalt donnert der Sturm übers Land, und der aufgewühlte Schlamm der kleinen, flachen Blänke in der Nähe färbt das Wasser dunkelgrau. Auf den Wellen bilden sich Schaumkronen. Ungemütlich ist untertrieben. Der stürmische Westwind jagt die dunklen Wolken nur so über den Himmel. Als sei ihnen schlecht, spucken sie sintflutartig Unmengen dicker Hagelkörner auf die Wiesen und Felder. Erika werde ich erzählen, dass das Gewitter an uns vorübergezogen ist. Lediglich ein paar Regentropfen hätten Ewald und ich abbekommen.

Und schon ist der Spuk vorbei. Totenstille. Kein Lüftchen regt sich mehr. Was für ein Bühnenbild. Was für ein Schauspiel. Alle von der Trockenheit der vergangenen Tage gebeutelten Pflanzen und Blüten heben ihr Haupt, stehen stramm wie Soldaten da und strahlen den Himmel an. Betörend der Duft, den sie verbreiten. Ich binde die Läufe des Bocks zusammen, hänge ihn über die Schulter, und schon machen wir uns auf den Weg zurück zum Wagen. Ich habe Hunger. Der Magen hängt mir in den Kniekehlen. Ewald geht es ebenso.

Erst Tage später erzählte Erika mir, dass ich beim Aufhängen des unheimlich Heimlichen in der Garage lauter summte als der Wind in den Wipfeln der Fichten vor unserem Haus ...

Höhen und Tiefen

Jeder Waidmann kennt es: Wochen-, manchmal sogar monatelang, hat man, sinngemäß, »Scheiße unter den Füßen«. Was man auch tut, nichts klappt. Ständig kommt etwas dazwischen, das den Jagderfolg verhindert. Irgendwann jedoch läuft es wieder. Und genau davon, von den Höhen und Tiefen meines Jägerlebens, handeln die folgenden (Kurz-)Geschichten:

Es ist Samstagabend, der 10. November, und ich befinde mich in Schleswig-Holstein. Das Wetter: zehn Grad, bewölkt. In zwei Tagen haben wir Vollmond. Bereits drei Stunden vor der Dämmerung parke ich den Wagen seitlich eines holprigen Feldwegs und mache ich mich auf den Weg zur 400 Meter entfernten offenen Kanzel. Ich bin guter Hoffnung, an der Kirrung eine Sau, ein Reh oder einen Fuchs erbeuten zu können. Als ich die Leiter der Kanzel emporsteige, erschrecke ich. Im vergangenen Jahr noch kletterte ich sie rauf wie ein Eichhörnchen. Heute jedoch zum ersten Mal gemächlich Stufe für Stufe. Auweia. »Jetzt wirst du alt«, nuschle ich mir in den grau gewordenen Bart.

Innerhalb weniger Minuten habe ich mich eingerichtet und bin bereit. Aber ohne, dass sich etwas tut, vergeht die Zeit, und schon ist es stockdunkel. Immerhin, eine halbe Stunde später geht der Mond auf und spendet von Minute zu Minute immer besseres Licht. Nachdem der große Zeiger meiner Armbanduhr eine weitere Runde gedreht hat, kommt Bewegung in die Sache. Urplötzlich steht ein großer schwarzer Klumpen vor dem riesigen, 80 Meter entfernten Brombeerbusch. Ein Keiler. Ich bin sicher. Zirka 80 Kilo, schätze ich.

Nein, schießen kann ich noch nicht, denn minutenlang sichernd steht der Urian viel zu spitz und traut sich nicht, die Kirrung aufzusuchen. Warum nur? Dann fällt es mir wie Schuppen aus den Haaren. Der Wind hat gedreht! Ehe ich mich versehe, wirft sich der Basse herum und ist mit wenigen Sprüngen in der Dickung verschwunden. Das war's. Habe ich zu lange gezögert? Nein! Ich hasse vorschnelle, hingeworfene Schüsse! Zwar bleibe ich noch bis Mitternacht sitzen, habe jedoch keinen weiteren Anblick. Schade, wirklich schade. Den hätte ich gern gehabt.

Die Fahrt mitten in der Nacht zurück nach Hamburg allerdings ist ein »Traum«. An mehreren Stellen der Straßenränder haben Sauen gebrochen. Es sieht aus, als hätte ein Landwirt die Streifen frisch gepflügt. Derartiges, jedenfalls in dieser Intensität, habe ich nie zuvor gesehen. Schließlich, wie zum Hohn, erscheint eine gemischte Rotte im Scheinwerferlicht. Wie viele Sauen es genau sind, kann ich in den wenigen Sekunden, in denen ich sie mit großen Augen anstarre, nicht exakt feststellen. Nur kurz werfen die Schwarzkittel auf, setzen jedoch, während ich langsam, ohne zu bremsen, weiterfahre, ungeniert die Nahrungssuche fort. Als ich kurz zum Himmel schaue, sieht die Wolkenformation neben dem hell leuchtenden Mond aus, als würde sie mir den Stinkefinger zeigen ...

Mein Drahthaar Hatz befindet sich im fünften Feld, und wir versuchen Mitte Dezember frühmorgens im Rysumer Nacken an der ostfriesischen Küste »aus kulinarischen Gründen« ein, zwei Enten oder eine Gans zu erlegen. Gut getarnt im Schilf harren wir der Dinge, die da kommen sollen.

Als ich mich kurz erhebe, um einen Blick auf die offene See zu werfen, sinke ich sofort auf meinen Sitz zurück und greife die Flinte. Vier Graugänse segeln, kaum 30 Meter hoch, direkt auf uns zu! Ich warte, bis sie nah genug heran sind, und schon verlassen die dreieinhalb Millimeter starken Schrote den Lauf. Treffer. Die beschossene Gans zeichnet, segelt jedoch zu meinem Entsetzen weiter und weiter. Etwa 400 Meter entfernt, das ist im Fernglas zu erkennen, geht sie, unkoordiniert flatternd, senkrecht zu Boden.

Auch Hatz hat alles verfolgt, und ich schnalle ihn. »Such verlooorn, mein Hund!« Ob das gut geht? Hatz scheint regelrecht über die Salzwiesen in Richtung der abgestürzten Gans zu fliegen. Was macht er denn jetzt? Er sprintet in Richtung Deich und läuft dort im kurzen gemähten Gras die nächsten 300 Meter weiter. Erst dann verschwindet er wieder in den Salzwiesen. Was für ein Schlaumeier! Gefühlte 15 Minuten später erscheint er erneut auf dem Deich und bringt mir, nachdem er zwei Mal eine kurze Pause einlegte, mit leuchtenden Augen und hoch erhobenem Haupt die Beute.

Es ist Donnerstag, der 23. August: Schon kurz vor 18 Uhr pirsche ich auf einem entlegenen Feldweg mit der 7 x 57er-Büchse auf der Schulter durchs Revier und will schau'n, ob ich jetzt, zum Ende der Blattzeit, noch einen passenden Bock finde.

Oh. Vor einem etwa 180 Meter entfernten Schilfgürtel entdecke ich mit dem Doppelglas ein starkes Stück Rehwild. Offensichtlich männlich. Ich fixiere das Spektiv auf dem Schießstock und bin sofort begeistert. Auf der linken Seite hat der Bock einen auf die Entfernung undefinierbaren »Knubbel«. Die hohe rechte Stange scheint, wenn überhaupt, nur schwach vereckt zu sein. Ein Abnormer. Endlich mal wieder ein Abnormer. Mein lieber Schwan.

Ausgesprochen langsam, mal hier, mal da äsend, zieht der Bock weiter. Bewegungslos bleibe ich so lange stehen, bis er im Schilf verschwunden ist. Erst dann gehe ich im Zeitlupentempo weiter. Völlig unvermittelt kommen mir eine Ricke und ihre beiden Kitze in Anblick. Absolut vertraut äsen sie kaum 150 Gänge entfernt am Wegesrand. Wieder heißt es strammstehen, bloß nicht bewegen. Aber alles geht gut. Fünf Minuten später ist die Familie verschwunden. Glück gehabt.

Weiter geht's, Schritt für Schritt. Irgendwo dahinten muss er stecken, der Abnorme. Und tatsächlich! Urplötzlich entdecke ich ihn gerade mal 120 Meter entfernt am Rand eines ziemlich zugewachsenen Grabens. Langsam, jede Hast vermeidend, mache ich mich fertig und ... bin entsetzt. 300 Meter entfernt nähert sich in atemberaubendem Tempo auf einem Mountainbike ein junger Mann. Tolle Leistung, wie er auf dem holprigen Feldweg vorankommt. Meine Begeisterung allerdings hält sich in Grenzen, denn bereits Sekunden später springt mein Bock, besser gesagt, mein Fast-Bock, laut schreckend ab. »Bö, bö, bö!«

Arrivederci! Kann nicht wahr sein! Natürlich habe ich in den folgenden Wochen mehrmals intensiv versucht, den Abnormen zu bekommen, aber er hat sich nie wieder blicken lassen.

Ende September geht es mit Jagdreisenvermittler Josef in Ungarn auf einen Rothirsch: Als wir frühmorgens die offene Kanzel besteigen, ist es noch dunkel, aber schon 30 Minuten später kommt Leben in die Bude. An der Oberfläche des tief liegenden, wabernden Nebelfeldes vor uns wandert zirka 120 Meter entfernt das Haupt eines Rotspießers über die Lichtung. Was für ein Bild. Nur Kopf und Träger sind oberhalb der »Suppe« zu erkennen. Sekunden später ist der Jüngling seitlich im Dickicht verschwunden.

Gleich darauf werde ich von Josef auf eine weitere Bewegung aufmerksam gemacht: »Dahinten links, siehst du?«

Langsam hebe ich das Fernglas an die Augen und spüre urplötzlich, wie mir Unmengen von Adrenalin durch die Adern schießen. Ein gewaltiger Hirsch! Lediglich 90 Meter entfernt. Beim Anblick des majestätischen Wildes inmitten des Dunstes bleibt mir fast die Luft weg. Schnappatmung stellt sich ein. Instinktiv bringe ich die Büchse in Position. Mir scheint, der Nebel löst sich auf, denn ich erkenne von einer Sekunde zur anderen den gesamten Körper.

Als der Gigant breit stehend verhofft, majestätisch sein Haupt zurücklegt und mit tiefer Stimme zu röhren beginnt, flüstert Josef: »Schießen, Akki. Guter Hirsch. Schießen. Ist sicher 14-er!«

Nun geht alles sehr schnell. Im Nu erfasst das Kreuz des Zielfernrohrs im Absehen 4 das Blatt des Hirsches, und unmittelbar darauf verlässt das Teilmantelgeschoss im Kaliber .375 H & H Magnum den Lauf. Dumpf rollt das Echo des Schusses über die herbstlich bunte Landschaft Ungarns. Der Hirsch zeichnet deutlich, geht jedoch hochflüchtig ab in die Dickung.

Josef lächelt. »Sieht gut aus«, sagt er. »Wir 15 Minuten warten.«

Es wird eine lange Viertelstunde. Tausend Dinge gehen mir durch den Kopf. Was für ein Glück, dass sich der Nebel zum richtigen Zeitpunkt auflöste.

»Komm Akki, wir jetzt suchen!«, holt mich Josef wieder in die Gegenwart zurück.

Langsam und mit geladener Waffe nähern wir uns dem Anschuss. Bereits nach wenigen Minuten findet Josef Schweiß. Viel Schweiß. Mir fällt ein ganzer Findling vom Herzen. »Wahrscheinlich Herzschuss!«, flüstert Josef.

Zwar dauert die Nachsuche in der nur schwer zu durchdringenden Wildnis noch etwa 20 Minuten, aber dann haben wir ihn: 50 Meter vom Anschuss entfernt liegt inmitten dichter Vegetation mein Hirsch! Längst haben die Lichter ihren Glanz verloren, ist das Leben als dunkelrotes Rinnsal im Gras der Puszta versickert. Fantastisch. Der 14-Ender ist elf Jahre alt, hat ein Geweihgewicht von gut neun Kilogramm und wiegt aufgebrochen 190 Kilo. Wohl mein Lebenshirsch.

Josef ist genauso begeistert wie ich. »Guter Schuss, Akki!«, sagt er und überreicht mir den Bruch. »Waidmannsheil!«

»Waidmannsdank!«

Unbändig die Freude, vergessen die monatelange Pechsträhne zuvor.

Zwei Jahre später: Die Rothirschjagd hat mich derart in den Bann gezogen, dass ich mein Glück in Ungarn noch einmal versuchen will. Und wiederum bin ich gleich am ersten Tag umgeben von lautstark brunftendem Rotwild. Nur eine Frage der Zeit, wann sich der erste Hirsch zeigt. Aber es kommt anders. Ganz anders …

Urplötzlich öffnet sich etwa 80 Meter von der offenen Kanzel entfernt am Rand eines Grabens das Schilf, und heraus tritt ein Bock mit riesigen dicken Stangen zwischen den Lauschern. Der Stromschlag, den mir dieser Anblick beschert, ist gigantisch. Ein Pfundsbock! Ein Rehbock mit einem Gehörngewicht von weit über 500 Gramm. Ich bin sicher. Zwar weist er nur schwache Vereckungen auf, wie das Spektiv offenbart, aber die unglaublich starken, spitz zulaufenden, extrem grob geperlten Stangen rauben mir den Atem. Der stärkste Bock, den ich je in Anblick hatte! Das Problem: Ich habe ihn nicht frei.

»Jetzt im September«, sagt mein ungarischer Begleiter, »jagen wir ausschließlich auf Rothirsche. Weder Sauen noch Böcke haben etwas zu befürchten.«

Was für ein Drama. Zum ersten Mal im Leben habe ich einen Pfundsbock vor mir, aber ich darf ihn nicht erlegen. Dennoch. Mich juckt der Hafer! Ich kann nicht anders: Wie ein schlotternder Jungjäger zittere ich das Kreuz des Absehens meines Zielfernrohrs auf der Büchse ins Leben des Giganten und mache den Finger krumm ... aber es knallt nicht. Natürlich nicht, denn das Gewehr ist und bleibt gesichert. Das wäre er gewesen, der stärkste Bock meines Lebens. Was für ein Anblick! Was für ein Gigant! Grandios. Unwiederbringlich! Der pure Wahnsinn.

Zwar bekomme ich auch während dieser Jagd meinen Hirsch, aber, und da bin ich ganz ehrlich, der Bock wäre mir lieber gewesen. Freud und Leid? Diese Geschichte gehört in die Kategorie Leid!

Mitte Januar auf einer geschlossenen Kanzel im »Wild und Hund«-Testrevier in Obertiefenbach in Rheinland-Pfalz: Die Arbeit ist getan, und schon um 16 Uhr habe ich mich eingerichtet. Ich bin bereit, Außergewöhnliches zu erleben. Der kreisrunde Mond und die sechs Zentimeter hohe Schneedecke sorgen für beste Lichtverhältnisse.

Bei gutem Mond auf Sauen? Wann immer es geht! Jagen mit allen Sinnen: hören, sehen, riechen ... einfach nur schön. Der Einsatz moderner Nachtsichtgeräte, die die Nacht zum Tag machen, dagegen ist nicht so mein Ding. Ist nicht das, was ich mir unter spannender Jagd vorstelle. Lieber lasse ich ein Stück Wild bei schlechtem Mond laufen, als dass ich einen riskanten Schuss abgebe. Und wäre ich 'ne Sau, ein Fuchs oder ein Marderhund, oder was auch immer, ich würde fluchen, wenn es in dunkler schwarzer Nacht mitten im Wald urplötzlich knallt. Würde Schimpfwörter benutzen wie nie zuvor.

18 Uhr 15: Der schwarze »Baumstumpf« da vorn war doch gerade noch nicht da?! In der Tat: etwa 50 Meter entfernt steht, wie hingezaubert, eine Sau. Ich habe sie trotz der hart gefrorenen Schneedecke nicht kommen hören. Und noch eine. Nein, noch zwei! Mit bloßem Auge erkenne ich: alle drei gleich groß. Das passt!

Langsam schiebe ich die Büchse lautlos auf einem Filzstück in Position und bin hocherfreut über das großartige Licht, das mir

Luna am Himmel sowie das leuchtende Weiß auf der Erde bescheren. Bloß nicht lange fackeln! Schon ist der Schuss draußen. Ich bin sicher, gut getroffen zu haben und überlege, als die Bühne leer ist, was ich tun soll. »Bleib einfach sitzen«, sagt mir mein Inneres. »Vielleicht kommt ja noch eine!«

19.30 Uhr. Fuchs! Oben rechts. Etwa 40 Meter entfernt, wuselt Reineke im Schnee herum. Wieder leistet die dicke Filzmatte, auf dem die Büchse liegt, lautlose Dienste. Ich visiere den roten Freibeuter an, steche ein ... und höre links der Kanzel ein Knacken. Vorsichtig drehe ich den Kopf und traue meinen Augen nicht. Vier geringe Schwarzkittel, eindeutig Frischlinge!

Ich vergesse den Fuchs und schwenke das Gewehr. Die Kujel sind ausgesprochen vertraut, beginnen an exakt derselben Stelle, an der ich auf die erste Sau schoss, damit, den Mais auszubuddeln. Es ist keine Kunst, einem der »Steckdosen« die Kugel anzutragen. Auch dieses Mal habe ich aufgrund des hervorragenden Lichts ein gutes Gefühl. Sicher ist alles gutgegangen. Und nun? Runter und nachschauen? Mein Gefühl ist dagegen: »Bleib' sitzen, die haben Kohldampf heute Nacht!«

Kaum fünf Minuten später geistert ein Marder um die Kanzel herum. Mehrmals hält der Irrwisch inne, sodass ich ihn voll im Visier habe, jedoch nicht schieße. Einen Marder mit der großen Kugel? Nein, danke! Mit Schrot gern. Die richtige Entscheidung, denn exakt um 20.15 Uhr zucke ich abermals zusammen. Jetzt allerdings höre ich sie anwechseln, die Sauen. Direkt von vorn kommen sie. Diesmal sind die »schwarzen Klumpen« größer als die bisherigen, das erkenne ich sofort. Aber, und das beruhigt mich, die fünf Stücke sind wiederum alle fast gleichgroß.

Ich lasse sie etwa zwei Minuten an der Kirrung gewähren, dann zünde ich das dritte 11,2 Gramm schwere Torpedo-Idealgeschoss in meiner 7 x 57er-Büchse. Auch dieses Mal bin ich sicher, gut abgekommen zu sein. So sicher, dass ich meinen geliebten Gasheizofen verwetten würde, dass die Sau liegt. Dennoch wird mir in den nächsten Minuten etwas mulmig. Ist eine Nachsuche erforderlich? Oder zwei? Muss ich Arndt oder Heiko, unsere beiden erfahrenen Nachsuchenführer, anrufen?«

Ich entschließe mich, die Jagd abzubrechen und mit der Taschenlampe nachzuschauen. Welch Freude! Die beiden ersten Wutze liegen, wie zur Strecke gelegt, direkt nebeneinander, kaum zehn Meter von den Anschüssen entfernt. Die Fluchtfährte der dritten endet fünf Meter weiter in einem Brombeerverhau. Die Gewichte der Sauen liegen, wie ich später feststelle, der Reihenfolge nach bei 23, 14 und 37 Kilogramm. Großartig.

Ich überlege. Bliebe ich noch länger sitzen, würde ich in dieser denkwürdigen Nacht vielleicht noch ein, zwei weitere Schwarzkittel erlegen. Aber weil ich die Beute ja noch versorgen und durch den Wald bis zum Auto schleppen muss, lasse ich es gut sein.

Ende November des Folgejahres bin ich erneut in Ungarn und will versuchen, von der offenen Kanzel aus an der Kirrung einen Keiler zu erlegen. Seit drei Tagen schon haben wir abnehmenden Mond, der jedoch immer noch bestes Licht für einen sauberen Schuss gewährleistet. Geführt werde ich von Bence, einem 64 Jahre alten, erfahrenen ungarischen Jäger, der jeden Baum und jeden Busch im riesigen Revier kennt.

Gegen 22.30 Uhr wird's in der Dickung plötzlich richtig laut. »Bööh, bööh, bööh!«, schreckt ein Reh.

»Sauen kommen«, flüstert Bence, und wir verhalten uns mucksmäuschenstill.

Kurz darauf knackt es im Unterholz. Schon steht eine ausgesprochen starke Sau, ein Keiler, an der 60 Meter entfernten Kirrung. Blitzschnell fasst er einen Maiskolben, zeigt mir jedoch nach eleganter Drehung lediglich sein Hinterteil mit den gewaltigen Steinen und ist im Nu wieder in der drei Meter entfernten Dickung verschwunden.

»Er fressen«, flüstert Bence. »Kommen gleich zurück. Holen nächsten Maiskolben. Minimum 100 Kilo!« Sollte es wirklich klappen, mit meinem ersten 100-Kilo-Keiler? Es wird spannend.

Doch plötzlich, von einer Sekunde zur anderen, spüre ich einen Lufthauch im Nacken. Um Himmels Willen, der Wind dreht. Fast zeitgleich vernehmen wir ein ärgerliches »Wuff«, und der Basse im Unterholz verdrückt sich. Einer Primaballerina gleich, die auf Zehenspitzen davontänzelt, das können wir kurz erkennen, verschwindet er in der Dunkelheit. Aus! Vorbei! Ich hätte mir in den Spiegel beißen können! Schade.

In den nächsten Nächten bekommen wir zwar noch mehrere starke Sauen sowie ungezählte Frischlinge in Anblick, aber ein wirklich alter Keiler lässt sich nicht mehr blicken.

»Du kommen wieder«, sagt Bence. »Dann wir kriegen ihm!«

»So machen wir's«, antworte ich.

Mitte Oktober in Neufundland: Es hat geklappt! Der ersehnte Schwarzbär liegt, und ich freue mich riesig. Auch Trevor, mein Gastgeber und Freund, ist begeistert. Als er mich am Ort des Geschehens abholt, sieht er sofort das strahlende Grinsen in meinem Gesicht. »Lucky Akki!« In der Tat: Glücklicher Akki.

Während wir den Bären zu zweit auf den Truck laden, überrascht er mich mit der Aussage: »Ich habe noch eine Elch-Lizenz für dich ergattert. Ein Amerikaner hat kurzfristig abgesagt.« Ja super. Damit hatte ich schon gar nicht mehr gerechnet.

Ich will es kurz machen. Was Shane, er ist Trevors Bruder, und ich in den nächsten Tagen auch versuchen, wir bekommen keinen Bullen in Anblick. Nur weibliche Stücke. Nichts zu machen. Und dann passiert es doch noch. Am letzten Jagdtag im allerletzten Büchsenlicht entdeckt Shane, als wir auf einer Anhöhe inmitten eines Fichtenwaldes pirschen, mit dem Fernglas etwa 300 Meter entfernt einen Bullen mit gewaltigen Schaufeln. Einen Elch, der selbst in Kanada oder Alaska, wo sie naturgemäß stärker sind als in Neufundland, äußerst begehrenswert wäre. »Akki. Big Bull! Big Bull!«, flüstert Shane.

An Schießen jedoch ist nicht zu denken, denn der gesamte Wildkörper befindet sich im Unterholz! Lediglich das Haupt und die Schaufeln sind frei. Auch das Licht reicht nicht mehr. So ein Pech! Es ging um Minuten. Noch heute sehe ich die im Zeitlupentempo schwankenden Schaufeln vor mir ...

Während der Rückfahrt mit dem Wagen am nächsten Morgen von Roddickton zum Flughafen in Deer Lake tritt Trevor, der mich fährt, hinter einer Kurve plötzlich heftig auf die Bremse: Kaum 40 Meter entfernt überquert ein riesiger Elchschaufler völlig unbeeindruckt von dem Auto im Zeitlupentempo die Straße. Wieder ein »Kanadier«! Nur zwei Mal schwenkt er das schwer beladene Haupt von links nach rechts, und schon hat ihn der Hochwald verschluckt.

»Rut is over«, sagt Trevor. In der Tat. Die Brunft ist vorbei.

»Okay«, antworte ich. »Aber nur für dieses Jahr!«

So viel zum Thema »Freud und Leid eines Jägers«.

Dem Himmel nah

Junge Leute kennen es kaum noch. Höchstens von Oma und Opa oder den Eltern: ein Album mit Papierbildern. Vorsintflutlich, lautet nicht selten der Kommentar. Heutzutage werden Fotos mit dem Handy geschossen und innerhalb von Sekunden um die ganze Welt verschickt oder, mit der digitalen Kamera aufgenommen, im Computer gespeichert.

Auch ich bin diesbezüglich absolut aufgeschlossen und erfreue mich der grandiosen Technik. Ein Klick in Deutschland, und bereits Sekunden später öffnen die Verwandten in den USA die Bilder. Grandios! Dennoch macht es mir große Freude, die alten Alben mit den Papierbildern durchzublättern. Immerhin gehe ich seit Kindesbeinen angeln und seit mehr als 50 Jahren auf die Jagd. Da kommt einiges zusammen.

Heute blättere ich im Album »Jagen in Österreich« und stoße auf das Bild eines starken Gamsbocks. Je länger ich es betrachte, desto lebendiger werden die Erinnerungen. Auf der nächsten Seite des Albums kleben zwei Fotos von einem älteren Birkhahn, den ich am nächsten Jagdtag erlegte. Wie das war, damals, Ende Oktober in der Steiermark? An jede Einzelheit kann ich mich erinnern.

»Die Gamsbrunft hat begonnen. Du musst so schnell wie möglich kommen!«, sagt Wolfgang, mein österreichischer Freund, als er mich anruft.

Keine Sekunde muss ich überlegen! »Klar, ich komme!« Innerhalb weniger Minuten steht der Termin. Ab in die Berge!

Wolfgang ist von Beruf Dachdecker und einer der passioniertesten Jäger, die ich kenne. Allerdings hat er 'ne Macke: Jedes Mal, wenn er zu einem Kunden kommt, bei dem er etwas reparieren soll, begrüßt er ihn mit den Worten: »Grüß Gott. Sie haben einen Dachschaden? Mal schau'n, ob wir das wieder hinkriegen.« Kommt nicht bei jedem gut an, aber er macht sich einen Spaß draus.

Erst gegen 23 Uhr treffe ich vier Tage später in der Steiermark ein, aber Wolfgang ist gnadenlos: »Schlafen kannst du zu Hause!«

Bereits in aller Herrgottsfrühe geht es am nächsten Morgen bei Nebel und Nieselregen bergauf. Während die graue Suppe immer dichter wird, die Konturen der Landschaft zunehmend im milchigen Weiß verschwimmen, pfeifen meine Lungen schon bald wie eine altersschwache Dampflock. Immer noch sind wir umgeben von dichtem Nebel, der aus den Tälern emporsteigt. Erst als die Sonne aufgeht, lichtet er sich. Der aufkommende Wind tut ein Übriges. 20 Minuten später: Klare Sicht bis zum Horizont. Nach einer, jedenfalls für einen Flachlandmenschen wie mich, ziemlich glitschigen und anstrengenden Kraxelei erreichen wir in einer Höhe von 1900 Metern ein Plateau, von dem aus wir gute Einblicke in die Steilhänge und Felswände der umgebenden Berge haben.

Wolfgang ist zehn Jahre älter als ich und schmunzelt, als ich ihm vorschlage, auf der Veranda vor der alten in die Jahre gekommenen Schäferhütte in der Nähe eine Brotzeit zu machen. Nur widerwillig gibt er meinem Flehen nach. Während ich bereits ziemlich platt bin und in meinen Muskeln sämtliche Fasern vibrieren, ist er noch nicht einmal warmgelaufen.

Faszinierend, der schwarze Bock im Bast. Er ist auf dem linken Licht blind und daher jederzeit zweifelsfrei wiederzukennen.

Ängstlich äugt das schwarze Kitz zur Mutter. Und die ist sichtlich beunruhigt. Woher soll die Ricke auch wissen, dass den beiden keine Gefahr droht?

Was für eine Freude! Bereits beim zweiten Ansitz hat Richard, der exzellente Schütze, seinen »Blacky« mit perfektem Blattschuss erlegt.

Völlig unvermittelt zog mir dieser prächtige Keiler in Rheinland-Pfalz um die Mittagszeit vor die Büchse. Wieder einmal gewährte mir Diana große Gunst.

Er konnte der toten Bisamratte in der Betonrohrfalle nicht widerstehen … neun Kilo wog der Marderhund.

Das ist er, »Mr. Billy«, mein Schneeziegenbock aus den Rocky Mountains in Britisch Kolumbien. Die Schläuche haben Längen von 25 Zentimetern.

Mitten im Fluss verendet, wäre der Schwarzbär in Kanada fast davongetrieben. Erst nach dramatischer Bergungsaktion gelang es, ihn ans Ufer zu ziehen.

Nein. Heute ist nicht unser Tag. Nichts, aber auch gar nichts kommt uns in den nächsten Stunden in Anblick. Wir brechen ab. Immerhin: Die frische Luft hat gutgetan.

Exakt 18 Stunden später befinden wir uns wieder im gleichen Bereich, aber 200 Meter höher. Erneut bin ich völlig groggy und muss mich erholen – schließlich bin ich kein Bergsteiger und nenne zudem schon eine stattliche Zahl an Lebensjahren mein Eigen. Weiter geht's. Hang für Hang, Wand für Wand und Graben für Graben glasen wir ab, als Wolfgang plötzlich innehält. »Da drüben, unterhalb der Tannenschonung, da stehen mehrere Gams!«

Schließlich sehe auch ich sie. In einer Entfernung von etwa 400 Metern äsen vertraut sieben Gams. »Alles Weiber«, sagt Wolfgang und schüttelt den Kopf. »Ein Bock ist nicht dabei.«

Also suchen wir weiter, und wieder habe ich Probleme, dem Freund durch nahezu undurchdringliche Latschenfelder und Zwergwacholder zu folgen. Als der Hang extrem steil wird, kann ich nur vorsichtig vorankriechen. Mehrmals halte ich mich krampfhaft an Grasbüscheln fest. »Behalt 's für dich«, flehe ich Wolfgang an. »Sonst lade ich dich nach Ostfriesland ein, und da musst du dann mit einem Pultstock über fünf Meter breite Gräben springen!«

»Je größer die Anstrengung, je härter die Pirsch, desto größer ist die Freude, wenn der Gams liegt«, versucht mich Wolfgang anzuspornen. Es klappt. Plötzlich geht alles viel leichter.

Was sind das für Geräusche? Als wir zeitgleich über die Felskuppe vor uns blicken, sehen wir die Verursacher. Zwei schwarze Gams, zwei Böcke, fliegen nur so über Berg und Tal. Als der stärkere der beiden den vor ihm davonstürmenden erreicht, hakelt er ihn. Was für ein Anblick. Unverkennbar: Die Gamsbrunft ist in vollem Gange. »Geht's um die Geiß, wird's heiß!«, flüstert Wolfgang.

Nachdem die Kontrahenten mehrere Minuten hinter einer Felswand verschwunden sind, tauchen sie urplötzlich, wie aus dem

Nichts, kaum 80 Meter vor uns wieder auf. Stoßweise ihr Atem. Die Hatz ist zu Ende.

Wolfgang stupst mich an. »Schießen«, flüstert er und nickt mehrmals bekräftigend. Weil sich beide Böcke in Richtung der uns abgewandten Seite bewegen, bette ich sehr langsam die Büchse und richte sie aus. Dann steche ich ein.

»Den alten, den linken!«, sagt Wolfgang. »Aber erst, wenn das Blatt frei ist.«

Ich bin bereit, muss jedoch hinnehmen, dass sich beide Böcke niedertun. Sie sind wohl doch etwas erschöpft. Warten ist angesagt. Doch wir haben Glück. Schon kurz drauf erhebt sich der stärkere der beiden »schwarzen Teufel« und steht breit. »Bautz!«, reißt es ihn von den Läufen. Sekunden später ist er verendet. Schrill pfeifend verschwindet der jüngere Bock hinter einem Bergrücken.

Während mir Wolfgang anerkennend mehrmals kräftig auf die Schulter schlägt, stellt sich bei mir das Jagdfieber ein. Ich zittere am ganzen Körper. Als wir den Gams erreichen, zählt Wolfgang die Ringe an den Krucken. »Acht Jahre. Und wenn mich nicht alles täuscht, annähernd 100 Punkte!«

100 Punkte? Die Schallgrenze! Großartig. Ich bin dem Himmel nah. Im wahrsten Sinne des Wortes. Wieder spüre ich die Strapazen des Aufstiegs. Schweiß rinnt mir von der Stirn. Kurzatmigkeit stellt sich ein, und in der linken Wade schmerzt ein Krampf. Dennoch: Das Aufbrechen des Bocks lasse ich mir nicht nehmen, wohl wissend, dass Wolfgang die Beute im Rucksack zu Tal tragen wird.

Pause. Endlich Pause. Nie zuvor haben mir kalte Wiener Würstchen, Tomaten mit Salz und Pfeffer und Mineralwasser »mit Gas« so gut geschmeckt, wie an diesem Tag in den Bergen der Steiermark. Während wir so dasitzen, frischt der Wind auf, und schon bald, nachdem wir die schwarze Wolkenwand in der Ferne entdecken, beginnt es heftig zu stürmen. Auweia!

Fluchtartig machen wir uns mit der Beute zurück auf den Weg zum Auto. Aber das Unwetter ist schneller. Böen und Regenschauer schütteln uns regelrecht durch, und etwa 200 Meter vor dem Wagen entladen sich die Wolkenberge mit einer derartigen Wucht, dass wir nass bis auf die Haut werden. Direkt über uns blitzt und donnert es ... Wir haben es überlebt. Als mir Wolfgang ein halbes Jahr später die Trophäe zuschickt, liegt das Ergebnis der Bewertungskommission bei 97 Punkten! Fantastisch. Ein Supergams.

Am Tag nach der Erlegung des Gamsbocks versuchen Wolfgang und ich, mit der Vollmantelkugel in der .222 Remington noch einen Birkhahn zu bekommen. In der Nacht zuvor schlafe ich unruhig, und freue mich, als der Wecker am Morgen um sechs Uhr klingelt. Ich bin aufgewühlt. Die Jagd auf den Gams hat Spuren hinterlassen. Verdammt, zum Anziehen der Jagdhose muss ich mich auf die Bettkante setzen. Im Stehen wäre ich umgefallen ... Wasser ins Gesicht, kleines Frühstück, ein paar Lunchbrote schmieren, Trekkingschuhe zuschnüren, Rucksack auf den Buckel, Gewehr über die Schulter, und schon bin ich fertig. Halt – die Wasserflasche nicht vergessen!

Wir haben Glück mit dem Wetter. 12 Grad bewölkt. Von Regen keine Spur. Die bunten Blätter der Laubbäume inmitten grüner Nadelwälder, der aufsteigende Nebel, moosbewachsene Felsen, die knorrigen Krüppelkiefern, all das zieht mich in den Bann. Ich kann mich nicht sattsehen an dieser Landschaft. Wundervolle Einsamkeit!

Aus dem gurgelnden Wasser eines Rinnsals in der Nähe ertönen Geisterstimmen ... Schwingenschläge! Etwa 40 Meter vor uns! Rasant streichen zwei Birkhähne ab. Enttäuscht schauen wir ihnen nach. Keine Ahnung, wo sie saßen. Die erste Pause wird fällig, und Wolfgang erzählt, dass er an genau dieser Stelle, an der wir Rast machen, im vergangenen Jahr einen alten Birkhahn erlegte. Nachdem wir uns gestärkt haben, jagen wir weiter, über Stock und Stein, an Krüppelkiefern und bemoosten Felsen vorbei.

Als ich etwa 30 Meter entfernt in undurchdringlichem Buschwerk ein glockiges »Gak, gak, gak« vernehme, weiß ich, dass dort Birkhennen warnen. Unmittelbar darauf reitet ein Birkhahn ab, der sich in den dichten Zweigen einer Fichte gedrückt hatte. Dem Gefieder des Jünglings allerdings fehlt das Stahlblau des reifen Hahns. Es ist noch reichlich braun, und auch die Sicheln seines Spiels, das kann ich aufgrund der geringen Entfernung gut erkennen, sind kaum gekrümmt.

Schließlich erreichen wir ein größeres Waldstück. Und kaum bin ich zehn Meter in den Bestand vorgedrungen, streicht eine Henne ab. Dann jedoch winkt mich Wolfgang wortlos herbei und deutet auf einen augenscheinlich älteren Birkhahn, der gerade mal 100 Meter entfernt auf dem Wipfel einer Fichte thront. Äußerst langsam und lautlos hebe ich die Büchse auf einen Felsen und mache mich fertig. Als der Stachel des Zielfernrohrs mitten auf dem Körper des kleinen Ritters mit der roten Kappe verhofft, verlässt das Vollmantelgeschoss den Lauf und ich freue mich riesig, als der Hahn mausetot vom Baum fällt. Nicht eine Feder hat er verloren.

Faszinierend: Die roten Rosen sehen aus wie glühende Kohlen. Stahlblau das Gefieder. Ganz sicher kein junger Hahn. Was für ein Jagdtag! Genauso unvergesslich wie die Pirsch auf den Gams. Einfach nur großartig! Wolfgang schlägt sich zwei Mal mit der flachen Hand an die Stirn: »Kann nicht wahr sein. Du bist wirklich ein Glückspilz«, jubelt er.

Ein Jammer: Ich sollte Wolfgang nie mehr wiedersehen. Nur zehn Monate nach unserer letzten gemeinsamen Jagd stirbt er an einer viel zu spät erkannten Lungenentzündung. Wie sagte er noch während unseres letzten Telefonats? »Unglaublich, wie schnell die Zeit vergeht. Sie galoppiert förmlich. Merke ich jedes Mal, wenn die nächste Rente auf meinem Konto ist. Schon wieder vier Wochen näher am Tod!« – Was für eine traurige Vorahnung.

Unverhofft

Ich befinde mich auf dem Rundgang zu den Wildkameras im Revier. Chips wechseln und ein paar Leckerbissen ausbringen. Die Flinte habe ich zwar aus »Sicherheitsgründen« dabei, krankes Wild kann immer kommen, aber eigentlich dient sie nur zur Dekoration.

Als ich einen kleinen mit Schilf gesäumten Teich passiere, mag ich kaum glauben, was ich sehe: Etwa 20 Meter vor mir stolpert eine dicke Nutria schwerfällig durchs halbhohe Gras. Wahrscheinlich hat sie mich spitzgekriegt und versucht zu entkommen. Im Nu ist die Flinte geladen und ich versuche näher heranzukommen. Als ich den Abstand zum Sumpfbiber um einige Schritte verringert habe, kann ich erkennen, dass die halbe rechte Körperhälfte mit getrocknetem Schweiß übersät ist. Warum, weiß ich nicht. Eventuell durch einen Kampf auf Leben und Tod mit einem Fuchs, Dachs oder Marderhund. Keine Ahnung. Als es passt, krümme ich den Finger, und die dreieinhalb Millimeter starken Schrote verlassen den Lauf. Treffer. Ich warte kurz und gehe dann langsam zur Beute.

Beute? Von wegen! Urplötzlich kommt der Vegetarier wieder hoch und schleppt sich mit letzter Kraft ins Wasser des Teichs.

Etwa fünf Meter entfernt allerdings verlassen ihn die Kräfte. Verendet treibt er an der Oberfläche. Und nun? Weil ich keinen Hund dabeihabe, ziehe ich mich bis auf die Unterhose aus und schwimme los. Jetzt, Ende Oktober, hat das Wasser gerade mal eine Temperatur von 12 Grad, aber wir sind ja nicht aus Zucker. Zehn Minuten später steige ich mit stolz geschwellter Brust und einer acht Kilogramm schweren Nutria aus dem kühlen Nass und freue mich über den glücklichen Ausgang der Begegnung.

Ein wenig kalt allerdings ist mir schon. Daher ziehe ich, so schnell es geht, leicht zitternd die am Ufer liegende Jagdhose über die nasse Unterhose. Unmittelbar darauf folgen Unterhemd, Oberhemd und Pullover. So ein Quatsch, die Unterhose anbehalten zu haben. Der Hintern ist und bleibt nass. Was bin ich doch für ein Blödmann! Nun denn. Da muss ich durch. Während ich die ausgeworfene Schrotpatrone vom Boden aufhebe, wird mir bewusst: Ich habe eine Patrone mit Bleischroten verwendet! Dabei darf ich bei der Jagd auf Wasserwild ja gar nicht mit Blei-, sondern muss mit Stahlschroten schießen. Entwarnung: Nutrias sind kein Wasserwild. Alles rechtens. Noch rechtens, denn was ich damals nicht weiß: Ab 2023 wird die Verwendung von Bleischrot in und an Feuchtgebieten grundsätzlich eine Ordnungswidrigkeit sein.

Ich bin ein Fan von Wildkameras. Einfach nur großartig, was sie im Laufe eines Jahres so alles ablichten: Rehe, Hasen, Kaninchen, Füchse, Dachse, Marder, Iltisse, Enoks, Nutrias, Fasanen, Enten, Gänse, Tauben und vieles andere mehr ... nichts entgeht ihnen. Augenzeuge Kamera! Alles wird entlarvt. Immer wieder spannend, was ich nach dem Wechseln der Speicherkarten zu Hause am Computer so hochlade.

Die größte Überraschung allerdings sind eines Tages drei aufeinanderfolgende Fotos eines männlichen Fischotters am Ufer eines 50 mal 1000 Meter großen, von Schilf umgebenen Teichs. Der erste Wassermarder in diesem Bereich seit über 30 Jahren! Woher er kam? Niemand weiß es. Weil wir den Teich mit Karpfen und verschiedenen Weißfischen besetzt hatten, und weil es im Wasser unzählige Frösche als Nahrung gibt, bleibt der Otter zwar für mehrere Tage, in denen ich ihn einmal sogar kurz mit eigenen Augen sehe, vor Ort. Dann jedoch verschwindet er von einem Tag auf den anderen und lässt sich nie mehr blicken. Wohin er ging, bleibt sein Geheimnis.

Ein Freund aus Nordrhein-Westfalen fällt aus allen Wolken, als er eines Tages Anfang Juli in seinem Revier mit dem Doppelglas eine normal gefärbte Ricke mit einem perlweißen Kitz in Anblick bekommt. Ob es ein Ricken- oder Bockkitz ist, kann er noch nicht mit Sicherheit sagen. Wenige Wochen später jedoch steht fest: Es ist ein Rickenkitz. Weil die Lichter rot sind, handelt es sich einwandfrei um ein Albino-Reh.

Während eines Telefonats lädt er mich ein, mit der Kamera vorbeizukommen, um mit dem Teleobjektiv ein paar Fotos zu schießen. Das lasse ich mir natürlich nicht entgehen, habe jedoch Pech mit dem Wetter. Es regnet. Immerhin kann ich die Rarität auf eine Entfernung von 200 Metern ausmachen und mehrere Minuten lang mit dem Spektiv beobachten. Wunderschön. Als es daraufhin nur so vom Himmel schüttet, müssen wir das Vorhaben leider abbrechen.

Immer wieder freut sich der Revierinhaber riesig, wenn er das wundervolle, ausgesprochen seltene Geschöpf in Anblick bekommt. Ein derart faszinierendes Stück Wild wird natürlich nicht erlegt. Zwei Jahre später setzt »die Weiße« zu seinem Bedauern leider nur ein normal gefärbtes Kitz und bleibt im Herbst plötzlich aus unerfindlichen Gründen für immer verschwunden. Geschossen wurde sie ganz sicher nicht, »die Weiße«. Auch nicht von den Reviernachbarn. Vielleicht wurde sie von einem Pkw angefahren oder krank und ist irgendwo im Dickicht verendet?

Wölfe in Ostfriesland? Aber ja. Seit vielen Jahren schon werden sie immer wieder gesichtet, lassen sich jedoch kein einziges Mal fotografieren oder filmen. Eines Tages Anfang März allerdings klappt es. Gleich mehrere Spaziergänger zücken ihre Handys und machen brauchbare Beweisfotos.

Ort des Geschehens: Mitten in Uwes Revier westlich von Emden. Urplötzlich erscheint ein junger Wolf, der Hunderte Graugänse anpirscht. Die jedoch lassen sich nicht überlisten. Laut kakelnd steigen sie früh genug in luftige Höhen und bombardieren Isegrim mit ihrem Kot: »Gans großer Mist!« Es wird nichts mit dem Gänsebraten. Der Wolf verdrückt sich, scheint auf der Suche nach einem eigenen Revier zu sein.

Als ich per WhatsApp bereits Minuten später von der ganzen Geschichte erfahre, setzen Erika und ich uns sofort ins Auto und düsen mit dem 300er-Tele an der Nikonkamera zur sogenannten »Knock«. Leider erfolglos. Wir bekommen den Grauhund nicht mehr zu Gesicht. Kein Wunder, denn Wölfe auf der Wanderschaft, beziehungsweise der Jagd, können völlig problemlos 60 Kilometer am Tag zurücklegen. Kaum 20 Stunden später werden 30 Kilometer entfernt am Ufer der Ems zwei Mutterschafe gerissen … Ob es derselbe Wolf war, der bei Emden abgelichtet wurde, lässt sich nicht mit Sicherheit sagen.

Der Bekloppte

Damals, als ich noch in der Redaktion von FISCH & FANG in Hamburg arbeitete, hatte ich im Teufelsmoor zwischen Hamburg und Bremen einen Bock frei. So kam es, dass ich mich des Öfteren nach Feierabend ins Auto setzte und losfuhr. 70 Kilometer bis zum Bock? Kein Problem!

»Im Bereich der Leiter Wilde Weide«, hatte mein Gönner gesagt, »geht ein alter Bock. Er hat zwar nicht viel auf dem Kopf, ist aber dennoch äußerst begehrenswert.«

In der Tat: Als ich ihn Mitte Juni zum ersten Mal in Anblick bekomme, bin ich begeistert von dem alten Herrn. Links 'ne dünne, schwach vereckte, wohl knapp 20 Zentimeter hohe Stange, rechts eine etwas stärkere, bananenförmig nach hinten gebogene. Weil er annähernd 150 Meter entfernt ist, lasse ich ihn ziehen. 150 Meter für einen Schuss auf einen Bock sind mir etwas zu weit. Muss ja nicht gleich am ersten Abend sein. Drei Mal in den nächsten Wochen versuche ich mein Glück, aber irgendetwas kommt immer dazwischen. Zwei Spaziergänger mit vier Hunden, eine junge Frau, die, warum auch immer, mit ihrem Moped im Moor einsame Rennen fährt, ein Landwirt, der die Weide vor der Leiter mäht, und ein älteres Paar, das lautstark kaum 30 Meter entfernt in freier Natur für eine Theateraufführung übt. Sie schreien sich förmlich an! Und schon beginnt die Blattzeit ...

Am 20. Juli verdrücke ich mich bereits um 15 Uhr aus der Redaktion und fahre zur »Wilden Weide«. Ich muss aufpassen, dass ich die die Rehwildbrunft nicht wieder verpenne. Ist mir bereits zwei Mal passiert. Nachdem ich das Auto abgestellt habe, lade ich Rucksack, Gewehr und Fernglas aus und drücke die nur angelehnte Wagentür mit dem Hintern zu. 300 Meter laufen, und ich bin am Ziel. Das Wetter? 20 Grad bewölkt. Mein Wetter. So hab' ich's gern. Ob er sich heute blicken lässt, der Alte?

Kaum sitze ich auf der Leiter, mache ich mich fertig. Patronen in den Lauf, das Gewehr sichern und auf der mitgebrachten Filzmatte ablegen. Jetzt heißt es warten. Mal gucken, was heute dazwischenkommt. Oder auch nicht. Was ist das? Meister Lampe! Der Hase fliegt nur so über die Wiese. Vor einem breiten Graben macht er eine Pirouette und flitzt denselben Weg zurück. All das in einer Geschwindigkeit, als wäre der leibhaftige Teufel hinter ihm her. Er übt wohl schon für die Treibjagd im Herbst.

17.30 Uhr. Weit hinten im Moor geht's rund. Ein Jährling ist außer Rand und Band und zieht, wie angebunden, hinter einem Schmalreh her. Mit dem Spektiv kann ich alles haargenau verfolgen. Da! Ein zweiter Bock. Er scheint etwas älter zu sein. Aber der Gesuchte ist es nicht. Die Ricke, die er bedrängt, hat wohl keine Lust auf Liebe. Besorgt zieht sie zu ihren beiden Kitzen. Das eine ist schwarz, das andere normal gefärbt. Der wahrscheinlich Zweijährige gibt nicht auf. Beginnt, die Ricke zu treiben. Den Kitzen geht die Muffe. Wie junge Fohlen jagen sie den beiden hinterher: »Blödmann. Lass' unsere Mutter in Ruhe!« Das Geschehen nimmt mich derart gefangen, dass ich erst Minuten später registriere, dass sich, wie Phönix aus der Asche, kaum 120 Meter entfernt ein weiteres Reh auf der Weide befindet.

Mein Bock! Er ist es. Ganz sicher. Das Spektiv bestätigt die Vermutung. Ein richtig alter Bock. Mir scheint, schon etwas klapprig. Was macht er denn jetzt? Minutenlang äugt er zu dem aufdringlichen Bock, der Ricke und den Kitzen und beginnt ebenfalls zu treiben! Hallo? Da ist kein weiteres Reh. Keine Ricke und kein Schmalreh. »Das ist ja ein komischer Kerl, scheint wohl schon etwas senil zu sein«, denke ich gerade, als er sich anschickt, einen Hexenring anzulegen. Wie ein Pferd in der Manege. Immer schön im Kreis herum.

Kann nicht wahr sein: Er treibt ein Phantom. Eine Ricke, die es gar nicht gibt. Sowas habe ich noch nie erlebt. Der hat sie doch nicht alle. Hat nicht nur nicht viel auf dem Haupt, sondern augenscheinlich ebenfalls nicht viel im Kopf! Kriegt der alte Sack das nicht mehr auf die Reihe? Weiß er nicht mehr, wie es geht, während der Brunft? Nun denn. Soll ja sogar bei alten Männern vorkommen, hat mir mal jemand erzählt …

Plötzlich springt der Bock wie in einem Anfall von Freude in die Höhe. Nicht einmal, sondern vier Mal nacheinander, und so hoch, dass ich geneigt bin, Beifall zu klatschen, was ich selbstverständlich tunlichst unterlasse. Oben in der Luft dreht er sich und landet, den Körper schüttelnd, zurück auf der Erde. Vollkommen bekloppt! Seinen Namen hat er weg: der Bekloppte. Gerade, als mir einfällt, warum ich hier bin, knallt es nicht weit entfernt im Nachbarrevier, und innerhalb von Sekunden ist die Bühne leer. Ich Dussel habe völlig vergessen zu schießen. Es ist nicht gut, wenn man eine zu lange Leitung hat. Das war's für heute. Der Alte bleibt verschwunden. Verdammt.

Zu müde zum Autofahren, lege ich mich unter einer alten Eiche im »Tausend-Sterne-Hotel« auf die trockenen, knusprigen Blätter, schiebe den Rucksack unter meinen Kopf und segle bereits nach wenigen Minuten ins Reich der Träume. Nein. Keine Sorge: Wie immer werde ich am nächsten Morgen pünktlich in der Redaktion erscheinen ...

Neuer Tag, neuer Anblick? Denkste. Kaum, dass ich auf der Leiter sitze, zieht ein Gewitter der Extraklasse heran. Platzregen, Blitz und Donner. Ich kapituliere, baume ab. Völlig durchnässt erreiche ich das Auto und ... fahre zurück nach Hamburg.

Drei Tage später. Nächster Versuch. Exakt um 18 Uhr sitze ich auf dem Hochsitz und freue mich meines Lebens. Es gibt viel zu sehen: Spatzen, die im Sand baden, ein Bussard, der in luftiger Höhe seine Kreise zieht, Stockenten, die in einem Graben einfallen und ein Eichelhäher, der rumkrakeelt, als wäre er der Chef eines Konzerns. Ein Schwarzspecht! Zielsicher segelt er heran, der Kohlenschwarze, der Flammenköpfige. Schon schlägt er die Krallen in die Rinde einer alten Eiche und hämmert mit seinem Meißelschnabel derart heftig gegen den Stamm, dass die Borke nur so fliegt. Es gibt wohl nichts zu holen. Sekunden später segelt er mit charakteristischem Höllenlachen davon.

Plötzlich höre ich hinter mir ein Geräusch und mache im nächsten Augenblick etwas Rotes neben einer Brombeerhecke aus. Ein Reh! Schon ist es weg. Ob es der Begehrte, der Bekloppte war? Keine Ahnung. Zwar bleibe ich bis zum letzten Licht sitzen, aber es tut sich nichts mehr.

In der folgenden Nacht kann ich kaum schlafen, muss ständig an den alten Bock denken. Freitagmittag: Auf dem Weg von Hamburg nach Hause in Emden starte ich einen weiteren Versuch, den Alten zu bekommen. Sicher hat Erika Verständnis dafür, wenn ich ein paar Stunden später heimkomme ... Kurz vor 16 Uhr sitze ich auf der »Wilden Weide« und sehe, dass gleich zwei Böcke ihre Gespielinnen übers Feld, durch den Wald und über Gräben hinweg treiben. Hurra! Da ist er ja, der Bock meiner Begierde. Kopfschüttelnd schaue ich ihm bei seiner Lieblingsbeschäftigung zu: Treiben ohne Ricke! Der ist wirklich nicht ganz frisch in der Birne.

Entfernung: 140 Meter. Schließlich kommt er näher. Jetzt sind es nur noch 80 Meter, und ich mache mich fertig. Heute könnte es klappen. Minutenlang zeigt er mir nur sein Hinterteil und ist urplötzlich in einem Schilfstück verschwunden. Verdammt aber auch. Wie spät ist es? Noch eine Stunde, und ich kann abermals so abziehen, wie ich gekommen bin.

Ja Wahnsinn. Da ist er ja, und schon wieder weg. Mein Herz tanzt Polka. Ich glaub's nicht: Wie hingezaubert steht er urplötzlich kaum 70 Meter entfernt scheibenbreit da. Jetzt aber! Draußen ist der Schuss! Ich bin erleichtert: Ohne jegliches Zucken kippt der Alte ins Gras. Wie immer repetiere ich sofort nach und bleibe drauf. Erst als ich ganz sicher bin, dass er liegt, öffne ich den Verschluss und setze die Waffe ab. Ich hab' ihn! Gut zehn Minuten warte ich noch, dann baume ich ab und mache mich auf zur Beute.

Wo ist er nur? Verdorri. Ich finde ihn nicht. Er treibt Schabernack mit mir! Endlich: Da liegt er ja. Mir scheint, er grinst mich an ... Was für ein Bock und genau, wie angesprochen: Links eine dünne, kaum vereckte Stange von 18 Zentimetern Länge, rechts eine etwas dickere, bananenförmig nach hinten gebogene. Ehrfürchtig nehme ich ihn in Besitz. Etwa zehn Jahre alt ist er und wiegt gerade mal 17 Kilo, wie ich zu Hause feststelle.

Erika und die Kinder sind genauso begeistert wie ich. Was für ein interessanter Bock! Okay. Wegen entgangener gemeinsamer Wochenendstunden, gerade mal fünf, muss ich Erika für drei Tage nach Hamburg mitnehmen. Sie hat kaum noch etwas anzuziehen, die Arme, und muss unbedingt mal wieder etwas »shoppen« gehen. Der »Bekloppte« ist es wert!

Therapieplatz Revier

Mein Freund Hermann ist eine Seele von Mensch. Kaum etwas bringt ihn aus der Ruhe. Im Oktober vergangenen Jahres jedoch, wir sind um 14 Uhr zur Entenjagd verabredet, spüre ich sofort, dass etwas nicht stimmt. »Was ist denn los?«, will ich wissen.

»Ich bin genervt«, sagt er. Und dann erzählt er warum: »Ständig brummt, knattert oder scheppert etwas. Egal, wo du hinkommst. Autos, Züge, Flugzeuge, Maschinen, Lastwagen, Fernsehgeräte, Computer, Radios, Handys ...« Und dann, in einem bisher nie gekannten Wutanfall, brüllt er mich förmlich an: »Es – ist – zum – Verrücktwerden!«

Da haben wir es: Hermann leidet an der sogenannten Reizüberflutung. Das Einzige, was hilft, daran gibt es keinen Zweifel, ist eine Soforttherapie in der Natur. Geräusche, das weiß auch Hermann, gehören zum Leben, aber nun geht es darum, diese, wenigstens für ein paar Stunden, zu reduzieren. Mit von der Partie: Hermanns Drahthaarhündin Bianca.

30 Minuten später sind wir im Revier, und das Wunder beginnt. Fast bin ich geneigt, es »Sekundenphänomen« zu nennen. Nahezu

abgestumpfte Empfindungen werden aktiviert, und wie von Zauberhand weggewischt, treten Umweltgeräusche in den Hintergrund. Der Schauplatz Natur zieht uns in den Bann, hat heute besonders viel zu bieten. Kaum 120 Schritte entfernt auf der Wiese äsen eine Ricke und ihre beiden Kitze.

Auch unser Freund, der Graureiher, ist wieder da. Gemächlich stolziert er steifbeinig vom Ufer ins Wasser des flachen Grabens und versucht, Fische zu fangen. Absolut bewegungslos steht er da und starrt ins Wasser. Plötzlich und derart schnell, dass wir erschrecken, stößt er den spitzen Schnabel ins Nass, und präsentiert uns Sekundenbruchteile später einen etwa 15 Zentimeter langen Weißfisch. Zwei, drei geschickte Drehungen im Schnabel, und schon tritt die Beute den Weg in seinen Verdauungstrakt an.

Ein Krähen-Ehepaar zieht über uns hinweg, und eine Amsel schimpft wie ein Rohrspatz in alle Himmelsrichtungen. Warum, ist nicht zu erkennen. Vielleicht hat sie einfach nur schlechte Laune. Laut im Wasser platschend, schießt ein stattlicher Hecht in den Kleinfischschwarm in Ufernähe und hinterlässt einen gewaltigen Schwall. Sicher war Freund Esox erfolgreich. Die Stelle muss ich mir merken!

Wir verschanzen uns am Ufer, und schon 15 Minuten später kommen die ersten Stockenten. Bumm! – Bumm! Sowohl Hermann als auch ich treffen. Hermann erlegt eine Ente, ich einen Erpel. Bianca ist eine erfahrene Hündin, bringt nacheinander beide Wasservögel. Und da ist es wieder, das Leuchten in Hermanns Augen. Wurde aber auch Zeit.

Wie immer, jagen wir in einer Entfernung von etwa 30 Metern, denn vom unnötigen, belanglosen Quatschen halten wir beide nicht viel. Insgesamt sieben Enten schießen wir. Hurra! Die Hände riechen nach Wild. Schließlich machen wir uns äußerst zufrieden auf den Weg zurück zum Wagen … Aber was ist das? Hinter uns poltert laut klagend ein Wildkaninchen aus einer Totholzhecke. Ihm sitzt, im wahrsten Sinne des Wortes, ein Großes Wiesel im Nacken. Fressen und gefressen werden ...

»Der Tod ist ein wichtiger Bestandteil des Lebens!«, hätte mein Freund Walter jetzt gesagt, und hinzugefügt: »Halbe Hähnchen wachsen auch nicht an Bäumen!«

Luftblasen! Vor uns im Uferbereich des kleinen Sees steigen perlenförmig Blasen an die Wasseroberfläche. Ein Karpfen! Schemenhaft können wir in Grundnähe seinen »Moosrücken« erkennen. Hermann steht stramm, wie damals meine Großmutter, als der Magen meiner Tante, die zum Teetrinken auf Besuch war, knurrte und sie glaubte, das Telefon habe geklingelt. Nur kurz kommt der Karpfen etwas höher an die Oberfläche. Gleich darauf verschwindet er in der Versenkung.

Sieh mal einer an: Hermann lächelt! Seine Mundwinkel berühren fast die Ohrläppchen, und die Augen strahlen wie eine Taschenlampe mit frischen Batterien. Ganz anders als bei Menschen, deren Mund ein Lächeln vortäuscht, ohne dass die Augen leuchten.

»Na«, sage ich schmunzelnd zu Hermann, »morgen noch einmal zum Therapieplatz Jagdrevier?«

»Klar«, erwiderte er. »Die tausend Programme, die hier täglich ablaufen, sind mir wesentlich lieber als die 16, die ich zu Hause in der Glotze programmiert habe.« Auch wenn er sich etwas zur Seite dreht: Wieder sehe ich das Leuchten in seinen Augen.

Auf dem Rückweg zum Auto krame ich aus dem Hinterstübchen fast vergessene Begebenheiten hervor und erzähle sie Hermann: »Als ich noch ein kleiner Junge war und des Öfteren die Schule schwänzte, um zu angeln und frischen Fisch auf den Tisch zu bringen, erzählte mir meine Großmutter stundenlang von den harten Kriegszeiten, die sie erlebt hatte. Davon, wie schwer sie und mein Opa es gehabt hatten, die sieben Kinder satt zu kriegen. Jede

Einzelheit wusste sie noch: Daten, Namen, Orte, die damit verbundenen Anekdoten … einfach alles. Verschmitzt lächelnd ließ sie die unglaublichsten Geschichten zum Thema ›Illegale Lebensmittelbeschaffung‹ aus sich heraussprudeln. Von Bitterkeit keine Spur. ›Mundraub. Es ging schlicht und ergreifend ums Überleben!‹, sagte sie. Herrlich!«

Über Reizüberflutung jedenfalls, das scheint mir so klar wie Kloßbrühe, mussten sich die Menschen damals wohl nicht beklagen, so etwas war ihnen sicher vollkommen fremd.

Eine schweinische Geschichte

Mitte Januar. Rolf, mein guter alter Freund von der Redaktion der »Wild und Hund«, der genau wie ich in Hamburg in der Hochallee auf der gleichen Etage eines alten Patrizierhauses ein möbliertes Zimmer bewohnt, hat mich auf eine Sau im Revier Kuhstedt bei Bremervörde eingeladen. Super. Ich freue mich riesig, denn es ist lange her, dass ich einen Schwarzkittel erlegt habe.

Nachdem uns seine Frau Karin bei ihm zu Hause kulinarisch verwöhnt hat, fahren wir gegen 19 Uhr ins Revier, und Rolf weist mich ein: »40 Meter vor der Kanzel dahinten«, sagt er, während er das Fernlicht seines Wagens kurz einschaltet, »ist eine Kirrung, die fast jede Nacht angenommen wird. Du hast 'ne gute Chance, eine Sau zu erwischen.«

Sieht in der Tat vielversprechend aus, das Ganze, zumal frisch gefallener Schnee und guter Mond beste Sicht versprechen.

»Ich setze mich auf eine 800 Meter entfernte Kanzel«, fährt Rolf fort, »und versuche ebenfalls zu Schuss zu kommen. Bleib' solange sitzen, bis ich dich abhole. Spätestens so gegen null Uhr.«

»Okay. Danke. Waidmannsheil!«

»Waidmannsheil!«

Und schon trennen sich unsere Wege. Bevor ich zur Kanzel gehe, stelle ich mich vor eine Fichte und pinkle sie aufgrund eines dringenden Bedürfnisses an. Der Baum nimmt sofort Rache: Genau im falschen Moment stürzt herabfallender Schnee exakt auf mein bestes Stück. Nur mit größter Mühe und steifen Fingern bringe ich es in Sicherheit. Dem Himmel sei Dank. Bleibende Schäden werde ich wohl nicht davontragen. Keine Ahnung, warum Männer gegen Bäume pinkeln. Haben sie sich wohl von den Hunden abgeguckt. Reviermarkierungen sind es eher nicht ...

Am Hochsitz angekommen, steige ich die schneebedeckten knarrenden Leitersprossen vorsichtig hoch, und kaum, dass ich sitze, gefriert die Atemluft, legt sich als glitzernde Eiskruste auf meinen Vollbart. Weil er bereits grau ist, ändert sich an der Farbe jedoch nichts. Gut, dass ich meine bewährte Gasheizung dabeihabe. Auch heute wird sie mich wärmen. Nachdem ich sie piezoelektrisch gezündet habe, stelle ich sie zwischen die Beine und freue mich, dass sie so gut funktioniert. Herrlich, so ein heißer Ofen in klirrend kalter Winternacht. Habe ich vor 50 Jahren, als ich Erika kennenlernte, auch mal zu ihr gesagt: »Du bist ein richtig heißer Ofen in klirrend kalter Winternacht!« Hat sie sehr beeindruckt ...

Gleich darauf mache ich mich fertig: Fenster in Richtung Kirrung auf, Büchse laden, sichern und ablegen. Ach du Sch... Was riecht den da so verbrannt? So was Blödes! Meine neue gefütterte Ansitzhose ist in Höhe des Heizofens angekokelt. Reine Glückssache, dass ich ohne Brandverletzung an den Beinen davonkomme. Der ganze Hochsitz stinkt. Nur kurz ärgere ich mich, denn schon stelle ich fest, dass der Wind gedreht hat und genau auf die Kirrung zusteht. Macht nichts, denke ich. Der intensive Brandgeruch unterdrückt jegliche menschliche Wittrung! Außerdem: Erika wird das Loch schon flicken. Kann aber auch sein, dass sie sich weigert ...

Was für eine tolle Sicht. Immer höher steigt die helle Scheibe gen Himmel. Und der Neuschnee tut ein Übriges. Schießen, wenn ich denn die Chance dazu habe, wäre absolut kein Problem! Aber so sehr ich mein Fernglas auch bemühe, noch kann ich kein Wild entdecken. Eine halbe Stunde später: War da nicht etwas? Her mit dem Fernglas. Habe ich mich geirrt? Nein. Als mir die Augen bereits zu tränen beginnen, entdecke ich eine Sau, die sich am Luderplatz zu schaffen macht. Weil sie extrem dunkel gefärbt ist, kann ich sie sogar mit bloßem Auge ansprechen. Ein einzelner Überläufer. Glutrot leuchten die Lichter der Sau im Mondlicht.

Mein Herz pocht derart laut, dass ich befürchte, sie könnte es hören. Siedend heiß durchfährt es mich. Ich spüre, wie ich langsam eine Gänsehaut bekomme, wie Puls und Blutdruck steigen. Zu gern hätte ich mein vor Aufregung und Jagdfieber rasendes Herz beruhigt, aber es geht nicht. Unbeweglich sitze ich da und warte auf den Augenblick, in dem ich schießen kann.

Verdammt! Vom nahen Waldrand her streicht kalter Ostwind zu mir herüber und beginnt tief und hohl in der Mündung der Büchse zu pfeifen. Ausgerechnet jetzt. Zwar nicht so laut wie bei meiner Flinte vor Wochen während der Entenjagd, aber immerhin. Die Sau scheint es nicht zu stören, denn genüsslich grunzend kratzt sie unaufhörlich die verbuddelten Leckerbissen aus der Erde. Dann passt es. Ich fackle nicht mehr lange und schicke die 7 x 57er-Pille auf die Reise. Im Mündungsfeuer glaube ich, den Schwarzkittel Rad schlagen zu sehen. Tatsächlich. Als ich Sekunden nach dem Schuss das Fernglas an die Augen reiße, hüpft mir das Herz vor Freude in der Brust. Er liegt. Was für ein Glück!

Seit gut einer Woche schon scheint mir, sinnbildlich, die Sonne auf den Hintern. Alles klappt. Drei Füchse und ein Reh habe ich innerhalb von vier Tagen erlegt. Wenn's geht, geht's leicht. Und heute die Sau. Glücksphase nennt man es wohl. Das mit der angekokelten

Hose war einfach nur grandios. Werde ich künftig bei schlechtem Wind wiederholen ... mal gucken, was Erika dazu sagt. Vielleicht gibt sie mir als Alternative zur Hose ein altes Handtuch mit? Sollte ebenfalls funktionieren!

Eine Stunde später vernehme ich abermals nicht weit entfernt Grunz- und Schmatzlaute. Unverkennbar eine Rotte Sauen. Aber sie husten mir etwas. Ziehen an der Kirrung vorbei. Keine Besuchszeit heute ... Nicht weit entfernt knallt es. Ein Büchsenschuss. Das muss Rolf gewesen sein. Ich hoffe, dass auch er, der exzellente Schütze, Waidmannsheil hat. Wie verabredet holt er mich kurz nach Mitternacht ab. Rolf hat eine 35 Kilo schwere Überläuferbache erlegt. Mein mittlerweile aufgebrochenes Keilerchen wiegt 40 Kilogramm.

Gänsehaut!

Spätherbst. 15 Uhr. Dauerregen. Das jedoch hält Reemt, seine Kleine Münsterländerin Greta und mich nicht davon ab, den Graugänsen auf dem »Kleinen Meer«, der sogenannten Hieve, nachzustellen.

Reemt, von Beruf Binnenfischer, ist ein Unikum, ein Original. Immer für eine besondere Geschichte gut. Erst neulich zum Beispiel sitzt er am Steuer seines Wagens und erzählt seinem Freund Udo, der neben ihm sitzt, gestenreich mit den Armen um sich schlagend, die Geschichte seiner letzten Jagd auf Sauen. Dabei lässt es sich nicht vermeiden, dass das Auto etwas in Schlangenlinien fährt. Und das wiederum fällt zwei hinter ihnen Streife fahrenden Polizisten auf. Sie winken Reemt zur Seite und wollen seinen Führerschein sehen. »Du, was hab ich denn falsch gemacht«, fragt er.

So was allerdings mögen Polizisten nun ganz und gar nicht. Von wegen »du«. Der Ton wird schärfer. »Ihren Führerschein bitte!«

»Hab' ich zu Hause vergessen.«

»Haben Sie andere Papiere?«

Reemt fummelt im Handschuhfach seines Wagens herum und zeigt schließlich eine Quittung von Aldi vor. »Fünf Liter Milch und zwei Gläser Erdbeermarmelade«. Das jedoch reicht den Gesetzeshütern nicht. Erst als er den letzten TÜV-Bericht seines Wagens hervorkramt, sind die Herren halbwegs zufrieden. »Letzte Frage. Wo wohnen Sie?«

»Am Uphuser Meer.«

Udo kann sich vor Lachen kaum beruhigen und erklärt den Polizisten den Grund für Reemts Schlangenfahrt. »Er hat ’ne Sau geschossen! Aber sie musste zwei Stunden lang nachgesucht werden.«

»Okay. Sie können fahren!«

Reemt verabschiedet sich mit einem doppelten »Danke dir« von den Polizisten, fährt los und erzählt Udo die Jagdgeschichte zu Ende. Dass er schon bald abermals in Schlangenlinien fährt, kriegen die Gesetzeshüter zum Glück nicht noch einmal mit ... Sorry. Kleiner Abstecher. Zurück zur Gänsejagd.

Kaum sitzen wir im Boot, beruhigt sich das Wetter. Urplötzlich liegt das Wasser wie Blei, und der Himmel schweigt. Als Reemt dem Motor Vollgas gibt, glaube ich, der Regen ist zurück. Aber das ist ein Trugschluss. Wir donnern durch einen riesigen Mückenschwarm. Keine Ahnung, wo sie plötzlich alle herkommen, die Plagegeister. Hätte ich beim Gucken gegen den Wind den Mund aufgemacht, ich wäre innerhalb von Sekunden satt geworden. Wir sind da. Fix wie immer verankert Reemt das Boot im Schilfgürtel der Erfolg versprechenden Insel mitten im Meer, und wir stellen uns im Abstand von 30 Metern an. Genauer gesagt, wir setzen uns auf die mitgebrachten Hocker und warten auf das, was da kommt. Greta bleibt natürlich bei ihrem Herrn.

Bereits 20 Minuten später können wir sie hören und sehen, die ersten Grauen. Etwa 15 Stück. Gänsehaut pur! Es läuft mir kalt den Rücken herunter. Wie immer, wenn ich den Grauen nachstelle! Als die Gänse 25 Meter über uns hinwegsegeln, lassen wir nahezu gleichzeitig die Schrote fliegen. Reemt trifft, ich schieße vorbei. Greta muss nur einmal schwimmen und apportieren.

Nachdem wir die Flinten mit neuen Patronen gefüttert haben, fliegt ein »Ehepaar« direkt auf uns zu. Eine strahlend weiße Gans und ihr normal gefärbter Partner. Reemt kennt die Weiße seit Längerem. Entweder hat sich ihre Mutter mit einer Hausgans gepaart, oder sie hat einen Gendefekt. »Gans in Weiß«, nennt sie Reemt, frei nach Roy Black und seinem Song. Wir freuen uns über den schönen Vogel und ... werden ihn niemals erlegen. Diese weiße Graugans soll irgendwann an Altersschwäche sterben. Oder einem Fuchs den Hunger stillen.

Na bitte, das Rufen der Gänse reißt nicht ab. Und wir freuen uns, dass zwei von ihnen in einer Entfernung von gerade mal 30 Metern auf dem Wasser vor uns einfallen wollen. Wir schießen ... und treffen. Arbeit für Greta. »Apport!«, sagt Reemt, und Greta weiß, was zu tun ist. Toll, wie schnell sie mit den verendeten Gänsen im Fang schwimmen kann. Was wir Jäger ohne unsere Hunde wären? Erbärmliche Dilettanten!

Stockenten! Vier Stück. Rasant streichen sie etwa 50 Meter an uns vorbei. Viel zu weit für einen Schuss. Sekunden später sind sie unseren Blicken entschwunden. Achtung! Wieder nähern sich mehrere Graugänse. Und wieder stockt mir der Atem. Schade, sie fallen in einer Entfernung von 80 Metern auf dem Wasser ein. Unerreichbar. Oh, eine einzelne Gans! Reemt, mit seiner bayerischen Bierruhe, ist ein sicherer Schütze, erwischt sie mit dem ersten Schuss. Wie ein Propeller taumelt sie abwärts. Als die Graue auf der Wasseroberfläche aufschlägt, ist sie bereits im Gänsehimmel.

Verdorri. Weil ich einen Augenblick unkonzentriert bin, verpasse ich zwei weitere Gänse, die höchstens 25 Meter über mich hinwegsegeln. Der Schießbefehl vom Auge zum Hirn und von da aus zum Drückefinger kommt entschieden zu spät. »Blödmann«, sage ich zu mir selbst. Achtung! Von mehreren tief anstreichenden Graugänsen werden wir regelrecht »attackiert«. Dennoch schießen

Reemt und ich jeweils nur einmal. Getroffen ziehen die Grauen die Schwingen ein und klatschen auf die Wasseroberfläche. »Apport, Greta!«

Wieder verraten vielstimmige Rufe, dass Gänse im Anflug sind. Über 20 Stück. Richtig was los heute! Keiner von uns verliert die Nerven. Schuss. Treffer! Schuss. Treffer! So soll es sein. Gerade mal zehn Minuten später nähern sich uns wiederum mehrere große Vögel. Blässgänse! Sie allerdings sind nicht frei. Fast provozierend, als wüssten sie das, fliegen sie in einer Höhe von 20 Metern über uns hinweg. Es beginnt zu dämmern. »Zehn Minuten bleiben wir noch«, ruft mir Reemt zu, »dann fahren wir zurück!«

»Okay!«

Vier Minuten später erscheinen bei immer noch guter Sicht lautlos aus dem Nichts drei Graue in idealer Höhe. Leider zu weit von mir entfernt, aber Reemt pflückt mit perfekten Schüssen zwei der faszinierenden Wasservögel vom Himmel. Reemt, du Teufelskerl! Beide Gänse knallen kaum zehn Meter vom Boot entfernt aufs Wasser und werden in Windeseile von Greta apportiert. Das war's. Alles, was jetzt noch kommt, bleibt unbeschossen.

Mit klammen Händen zählen wir die Beute: Zehn Graugänse haben wir erlegt. Was für ein Abend! Reemt ist wie immer äußerst großzügig. Schenkt mir drei Gänse. Dann schmeißt er den Bootsmotor an, und wir tuckern zurück in den »Heimathafen«. Während der Fahrt brüllt er mich aufgrund des lauten Bootsmotors regelrecht an: »Weißt du was, Akki! Neulich sagte ein Bekannter zu mir, ob es mir nicht leid täte, die ja monogam lebenden Gänse zu erlegen. Und weißt du, was ich geantwortet habe?«

»Nee.«

»Ich sagte, ich habe kürzlich bei einer Rundfahrt mit dem Auto durch Ostfriesland allein von den Straßen aus etwa 50000 Gänse auf den Wiesen, Feldern und in der Luft gezählt. Aus diesem Grund ist es ja wohl legitim, ein paar zu schießen und aufzuessen.« Und dann sagte er noch etwas: »Auch ich lebe monogam. Allerdings nicht ewig. Entweder bleibt meine Frau alleine oder ich. So ist das Leben!«

Weil Reemt genau weiß, wie man Gänsebrüste und Gänseschenkel pökelt und danach räuchert, bitte ich ihn zu guter Letzt, wie immer »ausnahmsweise«, mir die Freude zu machen ... Er macht mir die Freude!

Soeben fällt mir eine weitere unvergessliche Wasservogeljagd ein: Es ist an einem Freitag im November, kurz nach 14 Uhr. Mein damals fünfjähriger Deutsch Drahthaar Hatz sowie mein Sohn Carsten und ich fahren zum Rysumer Nacken in Ostfriesland und wollen versuchen, im Wattenmeer ein paar Enten, vielleicht sogar eine Gans zu erlegen.

Auf dem Weg vom Wagen zum Strandhafer müssen wir ein großes Schilfstück durchqueren. Der Schlick unter unseren Füßen scheint zu leben, gibt, in ewiger Gärung befindlich, regelrechte Schmatzlaute von sich. Wie Sauen an der Kirrung. Acht Möwen über uns schreien sich die Kehle aus dem Hals. Unmittelbar darauf beginnt es zu stürmen. Derart stark, dass wir uns, als wären wir betrunken, nur schwankend vorwärts bewegen können. Wild reißen die Böen das letzte Laub aus den wenigen Büschen und schleudern es durch die Luft. Eindrucksvoll, die aufgrund des Westwindes nach Osten winkenden Bäume. Ich mochte es schon immer, das wilde Fauchen des Sturms. Auch Hatz macht all das nichts aus. Wie es sich für einen Jagdhund gehört, nimmt er unbeirrbar den Weg, den er bereits unzählige Male mit uns gegangen ist. Als ich ein wenig langsamer werde, zieht er regelrecht an der Leine: »Streng dich gefälligst an, du Weichei!« Carsten grinst.

Zehn Minuten später sitzen wir im Abstand von 30 Metern bei guter Deckung im Schilf und laden die Flinten. Hatz bleibt heute bei mir, denn in der Woche zuvor hatte Carsten ihn in Beschlag genommen. Kurz nach 15 Uhr: Völlig unvermittelt und eigentlich zur Unzeit, fliegen laut kakelnd mehrere Graugänse lediglich 30 Meter hoch von See her auf uns zu. Mir kommen sie etwas zu weit links, aber Carsten steht goldrichtig, und es gelingt ihm, zwei Graugänse vom Himmel zu pflücken. Eine pieksaubere Dublette. Nicht »bummbumm« knallt es, sondern »bumm ... bumm«. Richtig stolz bin ich auf meinen Sohn. Und auch auf meinen Hund, der ihm ohne viel Getue erst die eine, dann die zweite Gans bringt. So ein Stinkstiefel: Er bleibt bei Carsten und tut so, als wäre ich gar nicht da! Würdigt mich keines Blickes.

Weil sich in den nächsten Minuten nichts tut, schaue ich mich intensiv um und genieße die Stimmung: Die Salzwiesen, in denen wir uns befinden, sind durchsetzt von Binsen und Schilfgürteln. Ein Lebensraum der ganz besonderen Art. Strandastern, Strandflieder und Strandhafer, wohin ich auch schaue. Hier draußen zu jagen, selbst bei heftigem Sturm und Dauerregen, ist einfach nur grandios. Es macht nicht nur mir, sondern auch Carsten große Freude. Von Hatz ganz zu schweigen.

In der Ferne erscheinen seewärts Enten. Welche Art, ist nicht zu erkennen. Sie fliegen weit an uns vorbei in Richtung Emden. 15 Minuten später ziehen Carsten und ich nahezu gleichzeitig die Köpfe ein, und Hatz erstarrt zur Salzsäule: Mindestens 20 Graugänse steuern, aus Holland kommend, in unsere Richtung. Wahnsinn: Als sie sich genau in der Mitte zwischen Carsten und mir in Schusshöhe befinden, und ich den Wind unter ihren Schwingen pfeifen höre, erlegen Carsten und ich gleichzeitig schießend jeweils einen der majestätischen Vögel. Wieder bringt Hatz die Beute innerhalb kürzester Zeit.

Pause. Ziemlich hastig trinken wir heißen Tee aus der Thermoskanne und essen die mitgebrachten Wurstbrötchen. Aber ja. Hatz bekommt drei leckere Knackwürste und frisches Wasser. Tee mag er nicht ... Wohl zum tausendsten Mal wird mir bewusst, was für ein Glück wir mit unserem vierbeinigen Freund haben. Er besitzt, ich sage es ohne jegliche Übertreibung, regelrechten Jagdverstand.

Weiter geht's. Als Carsten aus einem Schoof Stockenten zwei Erpel herausschießt, landet die eine verendet auf dem Boden, die andere ist nur geflügelt. Nach dem Schnallen kümmert sich Hatz, wie immer, in keinster Weise um die verendete Ente, sondern sucht zunächst die noch lebende. Nachdem er sie im dichten Strandhafer gefunden hat, bringt er sie meinem Sohn und macht sich dann, wesentlich langsamer als zuvor, auf den Weg, den toten Erpel zu holen. Wie meinte noch einige Wochen zuvor ein Jäger aus Nordrhein-Westfalen, als ich ihm ein paar Erlebnisse mit Hatz erzählte? »So einen Hund gibt es nicht!«

Meine Antwort bestand aus nur einem einzigen Wort: »Doch!«

Erst als große schwarze Wolken und wabernde Nebelwände die Leuchtkraft der Sonne brechen, erst als es fast dunkel ist, machen wir drei »Dreckschweine«, jedenfalls sehen wir so aus, uns schwer mit Beute bepackt auf den Weg nach Hause.

Tiefgründige Gedanken

Ende Juni in der Lüneburger Heide: 30 Minuten vor Beginn der Abenddämmerung erlege ich einen Jährling. Zeit genug, ihn in aller Ruhe aufzubrechen und im schmalen fließenden Bach gründlich auszuspülen. Gleich darauf gehe ich mit dem an den Läufen zusammengebundenen Bock an der Schulter gemächlich und dankbar ob des Waidmannsheils durch den Buchenwald zurück Richtung Auto.

Und dann sehe ich sie: Zunächst zehn, schließlich weit mehr als 100 Glühwürmchen. Es ist nicht das erste Mal, dass mich die wundervollen Leuchtkäfer in den Bann ziehen. Wie kleine Meteoriten im All schweben sie durch den nunmehr dunklen Wald. Auf und ab geht es, hin und her. Als flögen winzige Laternen mit Flügeln durch die Gegend. Einige landen auf den Blättern der Büsche und verwandeln sie in hell erleuchtete »tropische Gärten«.

Ich hänge den Bock an den Ast einer Buche und setze mich auf den kaum fünf Meter entfernten mit Moos bewachsenen Findling. Fühle mich eingeladen, als Betrachter an der Hochzeit der Glühwürmchen teilzunehmen. Wunderschön: Die Männchen mit ihren lichtstarken Augen schwärmen unaufhörlich flach über den Boden, um die zwar auch leuchtenden, jedoch flugunfähigen Weibchen aufzustöbern. Diese haben sich auf Grashalmen und Blättern der unterschiedlichsten Büsche eingefunden und krümmen ihre Hinterleiber mit den Leuchtfeldern nach oben. Was für ein Schauspiel! Wenn die Männchen das Licht eines Weibchens entdeckt haben, schweben sie augenblicklich über ihnen und lassen sich dann punktgenau fallen. Aus nächster Nähe erkennen sie sich am Geruch.

Dann wird es noch interessanter: Nachdem ein Männchen ein Weibchen gefunden hat, schalten beide die Lichter aus und paaren sich im Dunkeln. Soll ja sogar bei höher entwickelten Lebewesen vorkommen ... Schließlich wuseln unzählige Glühwürmchen auf der Suche nach Partnern um mich herum. Ich komme mir vor, als säße ich inmitten der Milchstraße. Wie lange, vermag ich nicht zu sagen. Ich vergesse die Zeit. Glücksselige Einsamkeit!

Am nächsten Abend schleppe ich »Wild und Hund« -Redakteur Rolf Kröger und Horst Reetz, den Chefredakteur der Zeitschrift, mit denen ich an diesem Wochenende in der Heide auf der Jagd bin, zum Ort des Geschehens. Und wir haben Glück: Die Glühwürmchen sind noch in Hochzeitslaune. Auch Rolf und Horst sind begeistert und bleiben, genau wie ich, gut 90 Minuten lang auf einem umgestürzten Baumstamm sitzen. Erst als die Batterien der Käfer schwächer werden, begeben wir uns auf Ansitz. In fünf Tagen ist Vollmond. Mal schau'n, ob wir 'ne Sau überlisten können.

30 Minuten später sitzen wir auf den uns zugedachten Kanzeln. Nachdem ich mich fertig gemacht habe und nichts anderes tun kann, als, völlig in Gedanken versunken, auf die Sauen zu warten, gleitet mein Blick durch die tiefdunkle Nacht. Nur langsam schraubt sich der Mond in die Höhe. Immer besser wird das Licht. Und dann, als ich zum Himmel schaue, reißt mich ein weiteres grandioses Naturschauspiel aus allen Träumen. Eine Sternschnuppe nach der ande-

ren schießt, den Funken eines Lagerfeuers gleich, aus dem Weltall in Richtung Erde. Fasziniert schaue ich ihnen nach. Sie gaukeln mir Feuerkugeln mit langem Schweif vor.

Jetzt komme ich auf meinem Hochsitz so richtig ins Grübeln: Die Sonne, der Mond, die Sterne, unsere Erde, all das, was hier kreucht und fleucht, wie ist das alles entstanden? Stephen Hawking, der brillante Physiker und Kosmologe, erklärt die unendlichen Weiten des Universums, das vor etwa 13,8 Milliarden Jahren entstand, in seinem letzten Buch »Kurze Antworten auf große Fragen« wie folgt: »Das Universum ist eine Maschine, die bestimmten Prinzipien oder Gesetzen gehorcht. Diese Naturgesetze, wie sie heute genannt werden, beschreiben, wie sich die Himmelskörper, Objekte und Gegenstände, kurzum alle Dinge in der Vergangenheit, Gegenwart und Zukunft verhalten.« – »Raum und Energie«, so Hawking weiter, »wurden während eines Ereignisses, dem sogenannten Urknall, spontan erzeugt. Im Augenblick des Urknalls entstand ein vollständiges Universum und mit ihm der Raum.«

13,8 Milliarden Jahre Evolution! Ein unfassbar langer Weg bis zur heutigen »Zivilisation«. Woher kommen wir? Ein Thema, das den Wissenschaftler sein Leben lang beschäftigte. Er sagt: »Die Antwort der Religion lautet: Gott hat alles erschaffen. Aber stimmt das? Hat Gott die Quantengesetze geschaffen, die den Urknall ermöglichten? Ist es Gottes Verdienst, dass der Urknall ausgelöst wurde?« Laut Stephen Hawking liefert die Naturwissenschaft bessere und schlüssigere Antworten: »Das Universum ist spontan aus nichts entstanden, ganz in Übereinstimmung mit den Naturgesetzen.«

Hawking schreibt weiter: »Reisen wir in der Zeit bis zum Augenblick des Urknalls rückwärts, wird das Universum immer kleiner, bis es schließlich so winzig ist, dass es ein unvorstellbar dichtes Schwarzes Loch ist. Da es vor dem Urknall keine Zeit gab, konnte es auch keinen Gott geben, der das Universum hätte erschaffen können. Dementsprechend glaube ich nicht an einen Schöpfer, weil es keine Zeit für die Existenz eines Schöpfers gab.«

»Meiner Ansicht«, führt der Wissenschaftler weiter aus, »lautet die einfachste Erklärung, dass es keinen Gott gibt wie folgt: Niemand hat das Universum geschaffen und niemand lenkt unsere Geschicke. Ich habe nicht die Absicht, irgendjemandem zu sagen, was er glauben soll, und es liegt mir völlig fern, irgendjemand in seinem religiösen Glauben zu verletzen, bin jedoch überzeugt, dass es keinen göttlichen Schöpfer gibt. Die Naturgesetze sind unveränderlich. Es wird immer Menschen geben, die sich an die Religion klammern, weil sie Trost spendet. Aber ob es Gott gibt, ist eine berechtigte Frage im Bereich der Wissenschaft.«

Drei Mal habe ich »Kurze Antworten auf große Fragen« förmlich verschlungen. Stephen Hawking nimmt den Leser mit auf seine persönliche Reise durch das Universum seiner Weltanschauung: Sind wir allein im Universum? Kaum. Moderne Geräte wie das Hubble-Weltraumteleskop ermöglichen, unsere Antennen tief ins All auszustrecken. Milliarden und Abermilliarden von Galaxien verschiedener Form und Größe sehen wir dort. Es gibt riesige elliptische Galaxien und Spiralgalaxien wie unsere Milchstraße. Würde man in Lichtgeschwindigkeit von der Erde zur Mitte der Milchstraße und zurück fliegen, würde das 50000 Jahre dauern.

Inzwischen sind einige Tausend Planeten im Orbit entfernter Sterne entdeckt worden. Etwa jeder fünfte Stern hat einen erdähnlichen Planeten, der ihn in einer solchen Entfernung umkreist, dass er für Leben, wie wir es kennen, kompatibel ist. Aber Kontakte mit Außerirdischen wird es wohl nie geben. Die Entfernungen sind einfach zu groß.

Ufos mit Wesen aus dem All? Hawking hält es aus wissenschaftlicher Sicht für unmöglich, dass wir von »kleinen grünen Männchen« Besuch bekommen. Auch zum Thema »ein Leben nach dem

Tod« hat er seine Meinung: »Wunschdenken«, sagt er: »Ich glaube, dass wir wieder zu Staub werden, wenn wir gestorben sind. Die einzige Form, in der wir weiterleben, sind unsere Gene, die wir an unsere Kinder weitergeben.«

Wie auch immer. Jeder kann denken und glauben, was er will. Bis ins letzte Detail wird die Entstehung des Universums wohl nie aufgeklärt werden. Wie sagte neulich ein alter Schulfreund, als ich ihn fragte, ob er gläubig sei? »Ja, ich bin gläubig«, antwortete er. »Glaube, dass man aus 500 Gramm Rindfleisch mit Nudeln und Gemüse eine herzhafte, wohlschmeckende Suppe machen kann!«

Sorry. Ich bin mal wieder vom Thema abgekommen. Zurück zur Jagd, denn plötzlich treten kaum 80 Meter links von mir mehrere Sauen aus. Mit dem Fernglas erkenne ich: Vier Überläufer, alle nahezu gleich groß. Etwa 40 bis 50 Kilo schwer, denke ich. Das passt. Zwar ist das Licht nicht mehr ganz so gut wie noch vor einer Stunde, aber die nunmehr brechenden, schwarzen Klumpen sind dennoch deutlich im Zielfernrohr zu erkennen.

Kann nicht wahr sein! Ich kriege einen Hustenanfall und beginne zu würgen. Sofort halte ich die Hand vor den Mund, senke den Kopf, drücke den Mund in die Faserpelzjacke und schnappe so leise es geht nach Luft. So ein Mist. – Endlich! Nach zwei Minuten ist der Anfall vorbei. Besorgt schaue ich nach den Sauen. Glück gehabt! Sie sind noch da.

Als einer der Schwarzkittel breitsteht, versuche ich, ihn ins Fadenkreuz zu bekommen. Aber der heftige Wind, der direkt auf die Kanzel zusteht, beutelt mich derart, dass ich mit der Waffe herumrühre wie ein wackelnder Pferdeschwanz. Schließlich jedoch steht das Absehen für eine Sekunde auf dem Blatt, und ich lasse das Kegelspitzgeschoss fliegen. Welch Freude. Mit dem Doppelglas erkenne ich, dass der Überläufer, wie von Geisterhand umgeworfen, liegt. Kein Schlegeln, kein Klagen. Er liegt. Von den anderen Schwarzkitteln ist natürlich nichts mehr zu sehen. Gut geschätzt. 42 Kilo aufgebrochen wiegt sie, die Überläuferbache, und ich bin ausgesprochen zufrieden mit mir und der Welt.

Es ist nun mal so: Seit Menschen die Erde bewohnen, gibt es Jäger und Angler. Daran hat sich bis heute nichts geändert. Zwar müssen wir uns nicht mehr ausschließlich von der Jagd und dem Fischfang ernähren, aber dennoch kommen unzählige Waidmänner und Petrijünger nach jedem Tag in der Natur glücklich und mit einem gefüllten Rucksack nach Hause. Nicht, weil sie einen Bock geschossen oder einen Riesenfisch gefangen hätten, sondern weil sie von ihren Pirschgängen oder Ansitzen weit mehr mitbringen: wundervolle Erlebnisse, farbenprächtige Stimmungsbilder, unwiederbringliche Abenteuer ... Sie waren draußen und vergaßen die Welt.

Auch ich war, so oft es ging, draußen und vergaß die Welt. Und ich werde mit Begeisterung weiterhin rausgehen in die Natur. Wohl wissend, dass das, was ich tue, kein Hobby, sondern unbändige Passion, Leidenschaft, ist. Die Jagd, die große weite Welt der Jagd, mit allem, was dazugehört, macht uns glücklich! Dazu gehört auch, dass wir uns bewusst sind, dass das Wild mehr ist als eine Zielscheibe. Erst recht kein Schädling und nicht nur ein Stück Fleisch oder eine Trophäe. Aber wem erzähle ich das!

Kurz vor Mitternacht treffe ich auf Rolf und Horst, die leider keinen Anblick hatten, und nach kurzem Klönsnack machen wir uns auf den Weg zurück nach Hamburg. Morgen früh um neun sitzen wir wieder vor den Computern ...

Fuchs kann immer kommen

Mitte Januar. Minus zwei Grad. Fünf Zentimeter Neuschnee. Gut eine Stunde vor Beginn der Abenddämmerung sitze ich warm angezogen auf einer offenen Leiter vor dem 50 Meter entfernten Luderplatz und will versuchen, einen schwarzen Kohlfuchs, den Ewald in seinem Revier hoch im Norden von Ostfriesland mehrmals auf der Wildkamera hatte, mit der Hornet zu überlisten. Weder Kugel noch Hagel konnten ihm bisher etwas anhaben.

Was für ein Bild, die langsam untergehende blutrote Scheibe und die dunkelgrauen, mit breiten goldenen Rändern versehenen Wolkenformationen. Schade. Nach nur wenigen Minuten ist der Zauber vorbei. Das glühende Abendrot verblasst, und zarte Nebelschleier legen sich geisterhaft in die Senken der Felder. Schon ist die Sonne unter dem Horizont verschwunden, und von der fernen Dorfkirche ertönen vertraute Glockenklänge. Sowohl der langsam in den Himmel aufsteigende, fast volle Mond als auch der Schnee bieten gute Sicht. Schießen? Kein Problem.

Kaum 60 Schritt entfernt ziehen langsam, mal hier, mal da nach Nahrung scharrend, eine Ricke und ihr Kitz in den Einstand. Als sie eine Weide passieren und sich ihnen ein neugieriges Pony, das sich trotz Kälte und Schnee dort befindet, nähert, flüchten sie. Ich gebe mich mit allen Sinnen dem Zauber der Nacht hin. Längst nicht jeden Laut kann ich deuten.

Keine Ahnung warum, aber ich bin fest davon überzeugt, heute Nacht einen Fuchs zu erbeuten. Wenn es nicht der schwarze ist, dann eben einen roten. Das ganze Jahr über hat Ewald den Luderplatz beschickt. Sowohl mit Aufbruch und Unfallwild als auch mit Fisch und heimischem Obst. Na bitte.

Um 20.10 Uhr schnürt aus dem Fichtenaltholz rechts von mir der erste Rote über das Weiße auf die Freifläche. Und dann passiert, was ich bisher nur selten gehört und mit eigenen Augen gesehen hatte: Kaum mehr als 80 Gänge entfernt, setzt sich der stattliche rote Freibeuter auf die Keulen und lässt den eigentümlichen, melancholisch-zärtlichen Liebesruf erklingen. Es ist offenbar ein Rüde. Ein wundervoller Anblick. Mit schief gehaltenem Kopf wirft er einen langen Schatten auf den Schnee. Ich bin fasziniert. Gerade als ich mich auf den Schuss vorbereiten will, äugt Reineke zu mir herüber, sodass ich erstarre. Bloß nicht bewegen. Der Wind steht gut. Wittrung dürfte er nicht bekommen haben. Dann klärt sich das Ganze: Auch ich höre jetzt, dass irgendwo ein zweiter Fuchs antwortet. Es klingt anders, mehr keckernd. Eine Fähe? Wahrscheinlich. Jetzt glaube ich, auch im Nachbarrevier einen Fuchs bellen zu hören. Klare Sache: Die Füchse ranzen.

Ich habe Glück. Reineke beruhigt sich. Ich gehe in Anschlag und erlege mit sauberem Kammerschuss einen neun Kilogramm schweren Rüden. Selbst mit bloßem Auge sehe ich, wo er liegt. Das Rote auf dem Weißen, das ist er.

30 Minuten später kommt mir ein zweiter Rotfuchs in Anblick. Urplötzlich verhofft er vor einem schilfgesäumten Graben, setzt sich auf die Keulen und wirkt fast genauso groß, wie er soeben

noch lang war. Ob er sich zum Luderplatz traut? Nein. Nur wenige Sekunden sichert er in meine Richtung, um gleich darauf im Halmengewirr des Röhrichts zu verschwinden.

Ich mag's kaum glauben: Um 22.50 Uhr nähert sich ein pechschwarzer Fuchs, der Kohlfuchs, dem Luderplatz. Er ist vorsichtig. Alle paar Meter verhofft er und äugt in die Runde. Noch 70 Meter, noch 60. Und dann steht er vor. Wie ein Jagdhund. Wahrscheinlich hat er eine Maus im Visier. Toller Anblick! Längst habe ich entsichert, und als der Schwarze breitsteht, verlässt die Kugel den Lauf. Treffer. Keine Kunst auf die Entfernung. Nach zwei, drei Sprüngen im Schnee ist es vorbei. Er rührt sich nicht mehr. Großartig. Ich habe ihn, einen Kohlfuchs mit wundervollem Balg.

Um zwei Uhr baume ich ab und fahre mit einem roten und einem schwarzen Freibeuter in der Wildwanne nach Hause. Ewald wird sich freuen, wenn ich ihm per WhatsApp ein paar Fotos schicke.

Am nächsten Morgen, meine Frau und ich sind gerade beim Frühstück, klingelt es. Erika öffnet die Haustür und erschrickt. Vor ihr steht ein völlig verschmutztes und total vermummtes Individuum, das aussieht wie ein Michelin-Männchen. Die roten Augen, die langen, wirren Haare rund um den Jagdhut, die spröden Lippen und der dicke, gestrickte Wollschal, der bis auf die Augen das ganze Gesicht bedeckt, lassen zwar darauf schließen, dass es sich um einen Menschen handelt, der soeben die Nacht auf dem Hochsitz verbracht hat, aber identifizieren können wir ihn nicht. Erst als er sich »entkleidet«, erkennen wir, es ist Hermann! Mein Freund Hermann. In der rechten Hand hält er einen zehn Kilo schweren roten Fuchs. »Zehn Kilo!«, brüllt er mich an. »Zehn Kilo!«

Dann setzt er sich kackfrech an den Küchentisch und bestellt zwei gekochte Eier, drei halbe Körnerbrötchen mit Marmelade und einen großen Becher Kaffee mit drei Löffeln Zucker. Bescheiden war er noch nie. »Wasch' dir erst mal die Hände!«, sagt Erika ...

Auch Hermann gehört zu den »Unverfrorenen«, zu den »Unerfrierbaren«, die zu jeder Tages- und Nachtzeit draußen sind. »Na«, sagt er zu mir, »wie lange hast du es denn heute Nacht ausgehalten, du Weichei!«

Unverschämt! Als ich ihm den Schwarzen und den Roten zeige, nimmt er das Weichei zurück ... Eins jedoch muss ich ihm lassen. Er ist, wie kaum ein anderer, in der Lage, sich in wilder Natur wie ein Urmensch zurechtzufinden. Würde man ihn lediglich mit einem Messer bewaffnet vom Hubschrauber aus mit dem Fallschirm im Urwald aussetzen, er würde überleben. Sehen, hören, riechen, fühlen, schmecken ... Er hat's drauf! Von selbst stirbt er, der alte Haudegen, ganz sicher nicht. Den müssen wir töten lassen! Kleiner Scherz!

Unglaubliche Dubletten

Seit über 50 Jahren schon freue ich mich immer wieder riesig, wenn mir mit der Flinte oder der Büchse eine Dublette gelingt. Ganz besonders begeistert allerdings war ich von den folgenden fünf. Ich erzähl mal:

Nach erfolgreichem Zanderangeln auf dem Edersee in Hessen lädt mich Gastgeber Peter ein, einen etwa 100 × 200 Meter großen Schilfbereich in seinem Revier durchzudrücken. Das heißt: Er und sein Kurzhaar Ben drücken, ich stehe an. »Lade Patronen mit dreieinhalb Millimeter starken Schroten«, sagt er. »Waschbär kann immer kommen!« Und schon machen sich die beiden auf, von der Stirnseite her loszulegen.

Fast 20 Minuten lang höre und sehe ich nichts. Dann jedoch kommt Bewegung in die Sache. 50 Meter rechts von mir prescht ein junger Bock ins Freie und fliegt förmlich über eine der vorgelagerten Wiesen in den nahen Fichtenwald. Intuitiv gehe ich mit leicht erhöhtem Blutdruck in Voranschlag und bin auf alles gefasst. Keine Sekunde zu früh, denn schon verlässt ein Fuchs in Schrotschussentfernung den Schilfbereich, um sich am Rand eines Grabens mit »Dackelbeinen« zu verdrücken. Bumm! – Purzelbaum. Liegt. Keine Zeit zum Freuen: Zehn Sekunden später erscheint links von mir an der Schilfkante ein Waschbär. Als er sich anschickt, zurück in die Deckung zu fliehen, ereilen ihn die Schrote aus dem zweiten Lauf der Flinte. Fünf Meter vom Anschuss entfernt bricht auch er mausetot zusammen.

Als Peter eintrifft und Fuchs und Waschbär sieht, entfährt im ein lautstarkes »Donnerwetter! Waidmannsheil!« Völlig unbeeindruckt von der Gefühlsäußerung seines Herrn apportiert Ben zunächst den Waschbären, dann den Fuchs.

Szenenwechsel: Freund Hinni hat mich eingeladen, in seinem Revier in Ostfriesland mit der Flinte »ein wenig rumzustromern«. Die Hauptperson allerdings ist mein Drahthaar Hatz, der am ganzen Körper zittert, als wir vor Ort ankommen und er es einfach nicht erwarten kann, geschnallt zu werden. Es war der Monat, in dem das Grüne rot, gelb oder braun wird. Ich erinnere mich: Voller Licht und Farbe sind die Blätter der Laubbäume in ihren letzten Tagen. Wunderschön.

»Wir schießen alles, was frei ist«, sagt Hinni. Hatz wirft auf und wackelt mit der Rute ...

Manchmal traue ich mich kaum, ein Erlebnis zu erzählen, so auch das folgende. Aber weil es wahr ist, so wahr, wie ich Joachim Heinrich Eilts heiße, tue ich es trotzdem. Hinni selbst kann es leider nicht mehr bezeugen. Er ist mir vor Kurzem in die ewigen Jagdgründe vorausgegangen.

Nachdem Hinni, der exzellente Flintenschütze, mit bayrischer Bierruhe zwei Kaninchen erlegt, die ihm mein Hund bringt, steht Hatz urplötzlich am Schilfrand eines Kanals wie angewurzelt vor. Obwohl ich weiter von ihm entfernt bin als Hinni, überlässt er mir den Vortritt.

Als ich 15 Meter hinter Hatz stehe, gebe ich das Kommando: »Voooran, mein Hund!«, und Hatz zieht vor. Unglaublich: Nahezu zeitgleich steilen eine Graugans und ein Kormoran auf und suchen ihr Heil in der Flucht. Vorbeizuschießen wäre keine Schande gewesen, aber ich habe Zielwasser getrunken an diesem Tag. Bumm. – Bumm. Sowohl die Graugans, als auch der Kormoran fallen. Arbeit für Hatz. Und Hinni klatscht Beifall. Keine Ahnung, warum die beiden Wasservögel sich derart nah beieinander aufgehalten haben. Freunde waren sie sicher nicht.

Nachdem ich Ende Oktober beim Nachtansitz in Ungarn mit Hilfe der »Schweinesonne« zwei Überläufer erlegt habe, versuchen Jagdführer Josef und ich am nächsten Abend an einer anderen Stelle von einer vier Meter hohen Kanzel aus unser Glück auf Raubwild. Der das ganze Jahr über beschickte Luderplatz in der Nähe eines größeren Sees befindet sich 25 Meter vom Hochsitz entfernt, und ich habe meine Flinte mit dreieinhalb Millimeter starken Schroten geladen. Weil jedoch auch Sauen kommen können, hält Josef seine Büchse im Kaliber .30-06 bereit.

Als sich die Sonne anschickt, Feierabend zu machen, die Dämmerung in den Wald schleicht und leichte Dunstschwaden durch den Bestand wallen, puste ich aus lauter Blödsinn heftig gegen das Spinnennetz in der Ecke des Hochsitzes. Sofort kommt eine dicke Kreuzspinne aus ihrem Versteck und schaut nach dem Rechten. Beute? »Fehlalarm«, nuschle ich ihr zu, und schon verdrückt sie sich wieder. Josef schmunzelt.

Ohne weitere Vorkommnisse vergeht die Zeit. Um 21 Uhr jedoch, der kreisrunde Mond über uns spendet bereits bestes Licht, tut sich was. Exakt zur selben Zeit erscheinen kaum 30 Meter entfernt ein starker Fuchs und eine dicke Nutria auf der Bildfläche. Der eine links, die andere rechts. Sie mögen sich wohl nicht, halten einen Sicherheitsabstand von mindestens zehn Metern. An den Leckerbissen des weitflächig beschickten Luderplatzes jedoch sind beide äußerst interessiert.

»Erst den Fuchs, dann die Nutria«, flüstert mir Josef ins Ohr.

Ich riskiere es und schieße. Erst auf den Fuchs, dann auf die Nutria. Jawoll! Reineke liegt auf der Stelle, die Nutria nach zehn Metern. Begeistert schlägt mir Josef auf die Schulter und fragt: »Hast du schon mal vorbeigeschossen?«

»Wer noch nie vorbeigeschossen hat«, antworte ich, »ist ein elender Lügner.«

Mitte November, Drückjagd in Nordrhein-Westfalen. Nach der Einweisung in meinen Stand bohre ich den Sitzstock am Stamm einer mächtigen Buche in die Erde, so, dass ich mich anlehnen kann und doch »unsichtbar« bin. Der Wind kommt von links. Perfekt.

20 Minuten später: Hundegeläut! »Jiff, jiff, jiff, jiff, jiff!« Lauthals verkünden die Terrier, dass sie etwas aufgemüdet haben. Unaufhörlich brüllen die Treiber. Es klingt, als würden sie Megaphone benutzen. Noch sehe ich nichts. Doch dann kommen sie. Drei gleich große Sauen. Überläufer. Schätzungsweise plus minus 50 Kilo. Das passt.

Hochflüchtig fliegen sie kaum 40 Meter vor mir diagonal den steilen Hang hinauf. Längst habe ich die entsicherte Büchse an der Wange, und nach dem Schuss rollt der letzte der Schwarzkittel den Berg hinunter. Ich gebe es gern zu: Ich bin kein wirklich guter Drückjagdschütze, aber an diesem Tag habe ich mich selbst übertroffen. Kammer auf, neue Patrone in den Lauf repetieren, die zweite Sau erfassen, mitziehen, bumm! Etwa 45 Meter unterhalb des Bergrückens bricht auch dieser Schwarzkittel inmitten des Fichtenwaldes mit Blattschuss zusammen. Puh! Sogar die dritte und letzte Patrone im Magazin werde ich noch los. Und nach zweimaligem Rollieren liegt auch diese Sau. Ja Wahnsinn!

Als der Spuk vorbei ist, registriere ich mit großer Freude, dass ich soeben keine Dublette, sondern sogar eine Triplette geschafft habe. 49, 44 und 53 Kilo aufgebrochen zeigt die Waage an.

Anfang Dezember in Schleswig-Holstein. Bei noch gutem Licht sitze ich in der Abenddämmerung mit der Flinte 30 Meter vorm

Dachsbau auf einer geschlossenen Kanzel. Denn: »Manchmal verlässt Schmalzmann den Bau schon sehr früh«, hatte mein jagdlich erfahrener Gastgeber gesagt.

Schade. Das Wetter verschlechtert sich. Heftiger Wind und Starkregen peitschen mir ins Gesicht. Aber es stört mich nicht. Ich genieße jeden Tropfen, spüre, dass ich lebe. Einige der Freunde in meinem Alter sind schon 20 Jahre tot. Wie sagte neulich ein »Leidensgefährte«, der neben mir die Schulbank drückte? »Wir müssen uns fast schämen, dass wir noch leben!«

Abbaumen? Niemals! Ich hoffe auf Wetterbesserung, will auf den seit drei Tagen abnehmenden Mond warten. Aufgeben ist keine Option. Zwei Stunden später: Wetterbesserung ist immer noch nicht in Sicht. Es hat wohl keinen Sinn, länger sitzen zu bleiben. Zu dunkel. Schießen unmöglich. Unwillkürlich muss ich an ein Gedicht meines viel zu früh verstorbenen Onkels Julius denken, erinnere mich jedoch nur noch an den ersten Satz: »Beim Kerzenschein in dunkler, schwarzer Nacht, sah ich die Toten wieder, die einst mit uns gelacht.«

Unglaublich – als ich gerade die Flinte entladen will, sehe ich, dass der Wind die Wolken vertreibt und den Mond lächeln lässt. Ich könnte tatsächlich schießen. Ob der Dachs noch steckt? Ich hoffe.

Welch Freude! Exakt um 23.10 Uhr erscheinen innerhalb weniger Sekunden zwei gleich große Dachse vorm Bau und verhoffen in bester Schussentfernung. Wieder fällt es mir schwer, zu erzählen, dass ich beide Schmalzmänner bei mittlerweile richtig gutem Licht mit (blitz)schnellen Schüssen nacheinander erlege. Aber genauso war es, und nicht anders. Zwar schleppt sich einer der Dachse noch ins Unterholz, aber ich weiß, dass ich nicht lange suchen muss.

15 Minuten später baume ich ab und freue mich tierisch, besser gesagt, menschlich über die beiden Marderartigen. Rüden vom vergangenen Jahr. – Das waren sie: Meine fünf außergewöhnlichsten Dubletten.

Mit dem Blatter

4. August. Das Rehwild brunftet. Und wie. Es geht (Be)Schlag auf (Be) Schlag. Bei der abendlichen Gummipirsch mit dem Wagen kommen mir gleich drei junge bis mittelalte Böcke in Anblick, die mit beneidenswerter Kondition innerhalb einer halben Stunde mehrmals ausgesprochen erfolgreich sind. Wie herrlich sie sind! Es ist nun mal so: Die durchgefärbten roten Böcke im August sind mir wesentlich lieber, als die »grauen Esel« im Mai.

Bereits am nächsten Morgen mache ich mich kurz vor Sonnenaufgang so leise wie möglich vom Auto aus auf den 280 Meter weiten Weg zur offenen Leiter. Hier geht ein uralter Bock. Einer, der mich seit Jahren narrt. 22 Grad, bewölkt. Großartig. Auch dem Rehwild gefällt es. Ideales Blattjagdwetter.

Gerade mal 100 Meter gelaufen, entdecke ich über dem Wasser eines zwei Meter breiten Grabens ein Libellenpaar. Unaufhörlich und ungehemmt kopulierend fliegen sie in Herzform aneinandergeheftet ihre Runden. Flugtechnisch wahre Meisterleistungen. Wie war das noch? Libellen sind Überbleibsel aus der Urzeit. Sie lebten schon, als es noch Dinosaurier auf der Erde gab. Nur, dass sie damals Flügelspannweiten von bis zu 70 Zentimetern hatten.

Kurz darauf geht mir förmlich das Herz auf: Roten, feurigen Flammen gleich schießen die Strahlen der aufgehenden Sonne am Horizont in die Höhe und zaubern innerhalb von Sekunden mit ihrem Licht wundervolle Farben in die soeben noch in der Dämmerung verborgene Landschaft. Noch weiß ich nicht, dass mir ein grandioser Jagdtag bevorsteht. Aber ich habe das untrügliche Gefühl, dass es heute klappt mit dem Methusalem.

Aber was ist das? Gerade, als ich sitze und mich fertig gemacht habe, höre ich Motorengeräusch, und schon Sekunden später biegt ein »dicker Mac Zedes«, wie meine Großmutter immer sagte, ein weißer Mercedes, in den 150 Meter entfernten Feldweg ein. Nach etwa 40 Metern hält der Wagen unter einer Buche, und gleich darauf beginnt das nicht gerade leichte Gefährt zu schaukeln. Unverkennbar: Auch hier hat heftiger Brunftbetrieb eingesetzt. Mein lieber Schwan. Die haben es aber eilig. Und das zu dieser Tageszeit. Früher ging's wohl nicht. Nun denn: Wat mutt, dat mutt. Nicht einmal 15 Minuten dauert der Beschlag, dann geht es rückwärts zurück auf die Hauptstraße. Schwer was los in Ostfriesland: Gestern Abend das Rehwild, heute morgen die Libellen, und soeben die zwei Zweibeiner ... Jetzt weiß ich auch, warum Testosteron auch Powerhormon genannt wird.

Ha. Eine mausende Katze! Ich muss lächeln. Wie sagte neulich mein Sohn? »Ein Hund hat ein Herrchen, eine Katze Personal. Der Hund denkt, er gibt mir was zu fressen. Das muss Gott sein. Die Katze denkt, er gibt mir Futter. Ich muss Gott sein.«

Ich mache einen Rundgang mit dem Fernglas. Etwa 80 Meter entfernt stolziert eine Graugans mit ihrem Nachwuchs aus dem See auf die angrenzende Wiese. Ein wunderschönes Bild. Mit dem doppelten Glas kann ich erkennen, dass die Großfamilie zu äsen beginnt.

50 Meter entfernt entdecke ich in einer Schwarzerle eine Rabenkrähe. Mehrmals nacheinander streckt sie ihren Kopf, bläst die

Kehle auf und schreit ihren charakteristischen Ruf in die Stille. Sekunden später wirft sie sich vom Ast und schwebt über die Weide. Genau in diesem Moment löst sich ein Habicht aus einer Eiche und schießt hinter ihr her. Schon haben die acht todbringenden Krallen des Greifs den schwarzen Vogel im Griff. Was folgt, ist ein letzter verzweifelt klingender Todesschrei.

Als etwas Ruhe einkehrt, beginne ich zu blatten. Aber mit dem Lockinstrument stimmt irgendetwas nicht. Wahrscheinlich ist es feucht geworden. Er hört sich an wie eine platzende Pinkelwurst beim Grünkohlessen. Aber was soll ich sagen? Schon nach wenigen Fieptönen nehme ich am Rand einer Douglasienschonung eine Bewegung wahr. Ja, bravo. Das Reh hat mehr als zwei Lauscher auf dem Haupt. Ein Bock!

Ich schaue durchs Fernglas, und sofort beginnt mein Herz zu trommeln. Es ist der Bock meiner Begierde. Der »Alte«. Sein Kopfschmuck hat sich seit Jahren kaum verändert: in der Basis stark geperlte, über Lauscher hohe, spitz zulaufende Spieße auf großen Dachrosen. Ein Traumbock. Völlig regungslos, wie aus Stein gehauen, äugt er in die entgegengesetzte Richtung.

Was macht der Wind? Er steht mir ins Gesicht. Kein Grund zur Sorge. Fast zehn Minuten lang zeigt mir der Bock nur den Spiegel, daher schieße ich sofort, als er schließlich und endlich breit stehend verhofft. Zwar bin ich sicher, die Kammer getroffen zu haben, dennoch springt der Recke ab. Entwarnung! Nach 20 Metern wankt er und bricht zusammen. Danach schlegelt er noch kurz mit den Läufen und ist augenblicklich verendet. Durchatmen. Alles ist gut.

Erst 15 Minuten später gehe ich zu meinem Bock. Den Stacheldraht, den ich an einem Zaun überqueren muss, drücke ich aus Sorge um ein besonders wertvolles Teil weit nach unten ... sicher ist sicher!

Faszination Taubenjagd

Johann senior aus Vossbarg in Ostfriesland hat's gut. Er muss lediglich ein paar Meter laufen, um in sein Revier zu kommen. Rehe, Hasen, Kaninchen, Fasanen, Enten, Tauben, Gänse, Füchse und Marder sowie einige andere Wildarten mehr kommen dort vor. Ganz besonders angetan jedoch ist er von den Vögeln im schiefergrauen Frack. Alljährlich erlegt er etwa 200 Ringeltauben. Warum ich Johann senior schreibe? Auch sein Sohn heißt Johann und er ist, genau wie sein Vater, leidenschaftlicher Taubenjäger.

Mehrmals im Jahr ruft mich Johann senior an und lädt mich zur Jagd auf die faszinierenden Vögel ein. Und, ich will es vorwegnehmen, kein einziges Mal bleiben wir ohne Beute. In besonderer Erinnerung geblieben allerdings ist mir die folgende Geschichte: Es ist der 12. Februar, als mich Johann, den Senior lasse ich jetzt weg, anruft: »Wir haben unglaublich viele Tauben. Willst du kommen?«

»Nichts lieber als das«, antworte ich.

Schon zwei Tage später mache ich mich lange vor Sonnenaufgang mit meinem Drahthaar Hatz von Emden aus auf den 45 Kilometer langen Weg nach Vossbarg. Als ich dort eintreffe, ist es immer noch stockdunkel, und ich muss bei Johann und seiner Frau erst einmal in Ruhe drei Tassen Tee trinken. Hell wird es von allein.

»Hast du genug Patronen mit?«, fragt Johann. Ich habe. Schließlich schultern wir unsere Rucksäcke und Flinten und stiefeln voller Vorfreude ins Revier.

Im Abstand von 40 Metern richten wir uns in unmittelbarer Nähe zu einem von alten Eichen gesäumten Feldweg im Schilf des angrenzenden Grabens ein. Nicht nur ich, auch Hatz ist begeistert. Unaufhörlich wackelt er mit dem Steert. Auweia! Das vor Minuten noch ruhige Wetter verschlechtert sich. Damit haben wir nicht gerechnet. Mit brachialer Gewalt donnert der aufkommende Sturm übers Land, und spritzt uns den einsetzenden Regen wie aus einem Wasserschlauch ins Gesicht. Im Nu werden wir klatschnass.

Abbrechen? Zurück in Johanns warme Stube? Von wegen. Das können wir Hatz nicht antun. Zwar hört es schon bald auf zu regnen, aber der kräftige Westwind bleibt, schüttelt die Regentropfen in hohem Bogen von den Zweigen der Bäume. Dennoch: Nicht schlecht für die Taubenjagd, dieses Wetter.

Schon fliegen uns aus Richtung der 250 Meter entfernt stehenden Eichen erste Tauben an. Zu weit. Ich traue mich nicht zu schießen, sehe aber aus den Augenwinkeln, dass Johann in Anschlag geht. Sofort nach dem Knall taumelt eine Geringelte abwärts. Prasselnd fällt sie durchs Geäst eines Baums und schlägt unten auf.

»Waidmannsheil!«, flüstere ich und hebe, weil Johann mich natürlich nicht hören kann, die Hand. Er sieht es und tut es mir gleich.

Nur Minuten später werden die Flüge dichter, und die Tauben ziehen in Höhen von lediglich 20 bis 30 Metern über uns hinweg. Die Geringelten sind derart auf den Schwingen, dass es völlig überflüssig ist, Locktauben oder erlegte Vögel in U-Form offen zum Wind auszubringen. Bei Johann, dem absoluten Tauben-Spezi, das will ich nicht verschweigen, knallt es wesentlich öfter als bei mir. Dubletten am laufenden Band. Hatz hat richtig gut zu tun, die Tauben zu bringen.

Hochspannung pur. Jederzeit kann Wild austreten. Und wenn nicht?
Egal – wir sind draußen gewesen und haben die Natur genossen.

Welche Rosen! Was für eine Perlung! 406 Gramm bringt die prächtige Trophäe des Bocks auf die Waage.

Auf Rothirsch in Ungarn – ein Traum! Über neun Kilogramm wiegt die Trophäe des Recken vom elften Kopf.

Abenteuer Neufundland: Dieser Elch kam nur wenige Meter vom Boot entfernt in Anblick. Sein Glück: Er war nicht mehr frei ...

Dem Himmel nah! Während der Jagd in Österreich gelang es mir, sowohl einen Gamsbock als auch einen Birkhahn zu erlegen.

Er sieht nicht so aus, ist aber, wie sich dann herausstellen wird, acht Jahre alt. Neun Mal saß ich an, bis sich der vorsichtige Bock überlisten ließ.

Es hat sich mal wieder gelohnt, früh aufzustehen. Vier Graugänse innerhalb einer Stunde schießt man wahrlich nicht jeden Tag.

Horst Reetz, langjähriger Chefredakteur von »Wild und Hund«, prägte das Traditionsblatt von 1959 bis 1997. Er verstarb im Alter von 70 Jahren.

Wieder höre ich hinter mir klatschende Schwingenschläge, und sofort ist der Flintenschaft an der Wange. Aber die Graue ist schneller und verschwindet hinter einer Eiche. Erst außerhalb der Schussentfernung kommt sie mir wieder in Anblick. Abermals klatscht es über mir in der Luft. Diesmal jedoch passt es. Vorhalten, Schuss, und ohne weitere Flügelschläge fällt die verendete Taube zu Boden. »Apport, Hatz!« Sowas lässt er sich nicht zwei Mal sagen.

In der nächsten Stunde erlegen Johann 15 und ich acht Geringelte. Als der Flug kurz etwas nachlässt, haben wir Zeit, die erlegten Tauben zu zählen. Doch schon kommt wieder Bewegung in die Sache. In Trupps von rund 20 Vögeln streichen die Geringelten suchend über die von Wällen und Gräben gesäumten Wiesen, Felder sowie sumpfigen Schilfbereiche. Und wieder holt Johann mit einem sauberen Schuss den nächsten grauen Vogel aus der Luft. Tödlich getroffen taumelt die Taube auf die Erde. Kurz darauf schießt er ein weiteres Mal: Treffer! Gleich danach habe ich das Glück, eine aufgebaumte Geringelte aus der Eiche hinter mir zu erlegen.

Während ich einer für einen Schuss zu weit entfernten Taube nachschaue, streichen vier weitere direkt über mich hinweg. Im mitgeschwungenen Schuss fällt die letzte, gefolgt von einer Federwolke, auf die Weide und wird sogleich von Hatz apportiert. Fast angewidert schüttelt er sich nach dem Ausgeben der Beute die Flaumfedern aus dem Fang.

Bei der nächsten Taube wird es spannend. Sie war nach dem Schuss wohl nur betäubt, denn als Hatz sie fassen will, flattert sie in einer Höhe von etwa eineinhalb Metern davon. Was für ein Bild: Hatz flitzt hinterher und pflückt die Graue mit der rechten Vorderpfote regelrecht aus der Luft. Manuel Neuer, der Weltklassetorwart von Bayern München, hätte es nicht besser machen können.

In den Minuten danach schießt Johann mit vier Patronen vier Tauben. Es ist die reinste Freude, ihm zuzuschauen. Die folgenden zehn Minuten verlaufen eher ruhig. Dann jedoch zeigt Johann ein weiteres Mal, wie gut er mit der Flinte umgehen kann. Während ich des Öfteren einen zweiten Schuss benötige, segeln die Grauen bei ihm bereits nach dem ersten Knall in den Taubenhimmel. Enten, Gänse, Fasanen, Hasen ... Damit komme ich gut zurecht. Mit den Vögeln im grauen Frack allerdings stehe ich ein wenig auf Kriegsfuß.

Als mich etwa 25 Tauben anfliegen, schieße ich gleich zwei Mal ... vorbei. Alter Fehler: Statt mich auf einen Vogel zu konzentrieren, erliege ich der Versuchung, sofort nach dem ersten Schuss einen zweiten ins Visier zu nehmen. Doch die Geringelten haben Pech. Sie drehen ab und kommen Johann in Schussentfernung. Er macht es besser als ich. Erst die eine, dann die andere. Und zwar in aller Ruhe. Im Abstand von fünf Metern klatschen die Tauben auf den Boden. Einige der Federn brauchen, wie immer, etwas länger.

Zu guter Letzt beschieße ich eine Taube, die zwar zeichnet, jedoch weiterfliegt. Weil ich sie nicht aus den Augen lasse, sehe ich, dass sie nach 150 Metern mausetot abstürzt. Wie ein Flugzeug, dem der Sprit ausgegangen ist. Kein Problem für Hatz, sie nach Beendigung der Jagd zu finden.

Weil der »Reiseverkehr« der Geringelten gegen 11.30 Uhr nahezu erlischt, machen wir Schluss und zählen die Tauben. Johann hat 27 erlegt, ich immerhin 16. »Ha«, sagt Johann, »lieber eine Taube am Galgen, als einen Spatz auf dem Dach! Oder wie heißt es noch, das Sprichwort?«

»Genau so«, antworte ich. »Genau so.«

Als ich mich schließlich von Johann und seiner Frau verabschiede, liegen seitlich der Fahrertür meines Wagens 16 Tauben. »Die nimmst du mit!«, sagt Johann. »Guten Appetit!«

Ich muss lächeln. Was steht noch auf meinem T-Shirt, das ich mir vor Jahren als Anschauungsobjekt für die Kollegen in der Redaktion kaufte? »Ostfriese. Das Höchste, was ein Mensch werden kann!«

Auf graue Flitzer

Mein lieber Schwan! Völlig unvermittelt reißt mir eine heftige Bö die Kappe vom Kopf. Windstärke 9. Das ist selbst für Ostfrieslands Küstenbewohner kein Pappenstiel. Dennoch: Hinni, Karl und ich sind winderprobt und wetterfest. Einer von uns sogar trinkfest. Mit krummem Buckel im Halbkreis stehend, trotzen wir dem von vorn kommenden »lauen Lüftchen«.

Es ist Ende Oktober. 13 Uhr. Wieder einmal hat Hinni Karl und mich eingeladen, in der Dünenlandschaft der »Knock« westlich von Emden den wohlschmeckenden Kaninchen auf den Balg zu rücken. Während die dunkelgrauen Wolken wie große wilde Tiere über uns hinwegbrausen, kann mein Drahthaar Hatz den Beginn der Jagd, wie immer, kaum erwarten. Auf geht's. Bravo: Der Sturm lässt nach. Mist: Es beginnt zu regnen. Zunächst noch sanft, dann richtig heftig. Ob die Lapuze bei diesem Schietwetter draußen liegen? Wir haben Bedenken. Gegen Abend, nach der Jagd, werden wir es wissen. Voller Tatendrang stiefeln wir im Abstand von 30 Metern durchs Revier. Hatz sucht. Gerade als ich meine nach Salzwasser schmeckenden Lippen zum dritten Mal genüsslich ablecke, fallen unmittelbar nacheinander zwei Schüsse. »Waidmannsheil Hinni, Waidmannsheil Karl!« Ja. Sie liegen tatsächlich draußen. Beide erlegten Karnickel werden sogleich von Hatz apportiert.

Gut, dass wir das Regenzeug übergezogen haben, denn jetzt folgt ein Schauer nach dem anderen. Zwischendurch lässt sich aber auch die Sonne kurz blicken. Zwei übereinanderstehende Regenbogen mit wunderschönen intensiven Farben bilden über Hinnis Revier eine Brücke. »Jeder Regenbogen ist ein Lächeln des Himmels«, sagt er.

Bumm ... bumm! Jetzt bin auch ich erfolgreich. Eine Dublette wie sie im Buche steht. Hatz zeigt, was er kann, ist in Hochform. Das Wetter interessiert ihn nicht. Weiter geht's. Hatz steht vor. Hinni stößt das Karnickel aus der Deckung, wartet etwas und erlegt es auf eine Entfernung von 25 Metern. Wildbretschonend, vorbildlich. Kaninchen gibt es wirklich reichlich in seinem Revier. Etwa 400 Stück müssten es sein.

Achtung! Wieder werde ich von einem der Flitzer »angenommen«. Anbacken, mitziehen, und ... runter mit dem Gewehr. Es ist ein Hase. Die sind tabu, sollen nicht erlegt werden. Und dann, wie schön: Das Wetter bessert sich. Unzählige Möwen schreien sich die Kehle aus dem Hals. Haben wohl schlechte Laune, die Weißkittel.

Fast überall liegen Kaninchen. Auf ihrer Flucht allerdings kommen sie meist nicht weit, denn wir haben heute Zielwasser getrunken. Das viele Üben auf dem Schießstand der Jägerschaft Emden trägt Früchte.

Wieder steht mein Hund vor, und schon flitzt ein pechschwarzes Kanin davon. Blitzschnell und unbeschossen verschwindet die schwarze Schönheit in einer Röhre. Ich erlege mein viertes Kaninchen und spüre bereits, wie der Rucksack drückt.

In den tiefhängenden Wolken über uns brummt es: Ein kleines, zweimotoriges Flugzeug. Schon erheben sich auf der nicht weit entfernten Ems mehr als 30 Gänse und verdrücken sich in Richtung Holland. Als es wiederum leicht zu regnen beginnt, sehe ich, wie Hatz im Schilf vorm Knockster Tief bombenfest vorsteht. Karl geht in Voranschlag, und gleich darauf flitzen zwei Lapuze davon. Großartig: Mit beneidenswerter Ruhe erlegt Karl zunächst das eine, dann das andere Karnickel. Vorschriftsmäßig bringt ihm Hatz die Grauen. »Brav, mein Hund!«

Pause. Wir trinken Tee und essen belegte Brötchen. Karl, der Kleinste von uns, vertilgt am meisten. Hatz bekommt Wasser und zwei Bockwürste. »Deutschländer« mag er am liebsten. Nachdem wir uns gestärkt haben, geht's weiter.

Aus den Augenwinkeln sehe ich einen weiteren schwarzen Flitzer, der sich in einem Bau in Sicherheit bringen will. Etwa fünf Meter vor der rettenden Erdhöhle jedoch ereilen ihn meine Schrote. Geht doch! Wie erhofft, habe ich meinen »Dünenkeiler«, wie die schwarzen Karnickel bei uns genannt werden, erlegt. Kann auch sein, dass es eine »Dünenbache« war. Wieder kommt Hinni zu Schuss, und ich bin erstaunt. Dass er vorbeischießt, habe ich nur selten erlebt. Fünf Minuten später ereilt mich das gleiche Schicksal. Diesmal ist Hinni erstaunt.

Abermals steht Hatz vor und zieht mehrmals ruckartig nach. Längst befinde ich mich im Voranschlag und erlege den davonsausenden Lapuz mit einem hingeworfenen Schuss. Hell leuchtet mir seine schneeweiße Bauchseite entgegen. Die folgende, bürstendichte Vegetation hat es in sich, ist nur schwer zu begehen. Ein Karnickel, das über den weißen Sand davonflüchtet, bringt sich unbeschossen in Sicherheit.

Was für ein Anblick: Während die Sonne für wenige Minuten durch die Wolken dringt, leuchten die unterschiedlichen Seegrasarten zwischen den Sandhügeln in verschiedenen Gold- und Brauntönen. Als würden sie brennen. Dichte Wolken zeichnen dunkle, dahinschwebende Schatten auf die Wiesen, aber ehe ich mich so richtig satt sehen kann, ist der Zauber bereits wieder vorbei.

Urplötzlich spritzen am Rand eines Walls zwei Kaninchen aus dem Schilf. Derart schnell, dass ich nicht rechtzeitig fertig werde. Schon hat sie ein Loch im Erdboden verschluckt. Manchmal gewinnt man, manchmal verliert man. Auch das nächste Kaninchen, das sich blitzschnell über einen Kamm verdrückt, bleibt unbeschossen. Kein Kugelfang. Ein Karnickel erlege ich noch: Völlig unvermittelt, wie mehrmals an diesem Tag erlebt, flitzt es aus seinem Versteck unter einer Hecke über die Wiese, verendet jedoch bereits nach kurzer Flucht in der Schrotgarbe. Das war's. Hahn in Ruh'.

Schwer beladen stapfen Hinni, Karl und ich zu den Autos zurück. 19 Kaninchen haben wir erlegt. War schon mal schlechter. Mein völlig durchgeschwitztes Hemd klebt förmlich am Körper. Wenn ich wieder zu Hause bin, muss Erika mir helfen, es auszuziehen. Es wird ihr Spaß machen. Sie zieht die Prozedur immer so in die Länge.

»Bow Hunting«

Zum vierten Mal schon bin ich in der Mayflower Lodge bei Roddickton in Neufundland. Warum? Ich mag sie, die Neufundländer. Ausgesprochen sympathische Menschen. Ähnlich gestrickt wie die Ostfriesen. Außerdem: In der grandiosen Wildnis Neufundlands zu jagen und zu angeln, ist die reinste Freude.

Einen Elch, einen Coywolf – das ist ein Hybride aus Kojote und Timberwolf – sowie einen 430 Pfund schweren Schwarzbären mit der Büchse und einen 260 Pfund schweren mit Pfeil und Bogen habe ich in den vergangenen Jahren bereits erlegt. Dieses Mal jedoch, es ist Anfang Juni, will ich mit Freund und Gastgeber Trevor im Beaver Brook mit der Fliegenrute ausschließlich den Atlantischen Lachsen nachstellen.

Seit 40 Jahren schon fischt Trevor in diesem Fluss. Sein bisher größter Salm wog 18 Pfund. Sofort springen seine sprühenden Funken auf mich über, und mit glühenden Wangen überliste ich an nur einem Nachmittag drei prächtige Lachse. Einen zum Essen darf ich entnehmen. Trevor bringt es spielend auf sieben Fische, darf jedoch ebenfalls nur einen verwerten. Am erfolgreichsten sind wir in der Nähe des weltweit einmaligen Underground Salmon Pools. Underground? Ja. Innerhalb von Zehntausenden von Jahren hat sich das Wasser des Beaver Brook durch die Limestones, die Kalksteine, hindurch eine unterirdische Höhle gegraben und lässt sich erst 800 Meter weiter wieder an der Oberfläche blicken. Auf ihrem Weg zu den Laichplätzen müssen die Lachse diesen Tunnel passieren.

Am Ende des vierten Angeltages bereitet uns Shanna, Trevors Frau, die Salmoniden derart lecker zu, dass ich sie bitte, mir das Rezept für Erika mitzugeben. Nach dem Essen sagt Trevor völlig überraschend: »Akki, hast du Lust, einen weiteren Schwarzbären zu erlegen? Ich habe noch eine Lizenz frei. Du würdest nicht nur mir, sondern auch der Regierung Neufundlands einen großen Gefallen tun. Was die Waldkaribus in Neufundland betrifft, haben Wissenschaftler nämlich festgestellt, dass der Bestand in den vergangenen Jahren drastisch gesunken ist. Schuld daran ist der zunehmende Druck durch die Räuber. In erster Linie Schwarzbären, aber auch Kojoten, die vor etwa 30 Jahren übers Eis aus Labrador kamen, und Luchse. Bis zu 90 Prozent des Karibu-Kälbernachwuchses geht durch sie alljährlich verloren.«

Was für eine Frage. Natürlich habe ich Lust, einen Schwarzbären zu erlegen. Große Lust sogar. »Besonders gern«, antworte ich, »würde ich noch einmal einen Blacky mit Pfeil und Bogen schießen.«

»Okay.«

Nachdem ich ein paar Probeschüsse mit Trevors nagelneuem Bogen absolviert habe, sind wir zufrieden. »Genauso gut, wie vor sechs Jahren«, lobt mich Trevor und klopft mir heftig auf die Schulter, auf die, die mir seit Wochen weh tut ...

Bevor er mich am folgenden Nachmittag am bekannten Bärenpass ansetzt, werden meine nach Mensch duftenden Klamotten für einige Stunden mit abgeschnittenen Fichtenzweigen bedeckt, damit sie den Waldgeruch annehmen. Zusätzlich besprüht mich Trevor mit speziellem »Anti-Menschengeruch«. Damit mich die Moskitos und Black Flies nicht zu sehr ärgern, ziehe ich die von Trevor geliehene Moskitojacke aus Fliegengaze über die Schirmmütze und die Tarnjacke. So haben die Quälgeister keine Chance. Trotz der engmaschigen mückensicheren Gaze vor meinen Augen kann ich gut sehen. Nur noch die Tarnhandschuhe anziehen, und ich bin bereit. Tarnkleidung, ich muss das betonen, ist Voraussetzung für den Jagderfolg, denn Schwarzbären können, genau wie Menschen, Farben und somit auch Gesichter erkennen.

Mit den Worten »Hier geht ein Bär mit einem Gewicht von mindestens 300 Pfund. Ich habe eine Wildkamera aufgestellt, die ihn entlarvte«, verabschiedet sich Trevor und wünscht mir »Waldmannsheil!« Nahezu lautlos erklimme ich die vier Meter hohe offene Kanzel und richte mich ein. Ich Trottel. Fast hätte ich vergessen, das Funkgerät, das mir Trevor mitgab, auszuschalten. Erst wenn ich den Bären habe oder Trevor mich abholen soll, werde ich es wieder aktivieren. Mein Handy? Funktioniert hier nicht. Keine Chance, kein Netz. 16 Uhr.

Es knackt ... Entwarnung. Ein junger Elchbulle! Ein Stangenelch. Drei Minuten lang zieht er, mal hier, mal da ein Blättchen naschend, gemächlich durch den Wald. Was für ein imposantes Tier. Über den Fichten drehen zwei Kolkraben ihre Runden. Ihr Krächzen hört sich an wie eine Kreissäge in den letzten Umdrehungen.

In den nächsten 50 Minuten tut sich nichts. Dann jedoch mache ich mit den Augenwinkeln zirka 70 Meter entfernt einen großen schwarzen Klumpen aus, der zuvor nicht da war. Er bewegt sich! Ein Bär! Einem Waldgeist gleich, kommt er auf seinem Wechsel immer näher. Vorsichtig, lautlos, ständig sichernd. Als er sich an einem Baum die Krallen wetzt, bin ich beeindruckt und beginne zu zittern. Tief schlägt der schwarzpelzige Blaubeerenfresser seine Krallen in die Rinde des Stamms. Die Haut unter meiner Mütze kribbelt, als würden Ameisen gekillte Insekten transportieren. Während sich Meister Petz, nachdem er sich ausgiebig den Pelz geschüttelt hat, weiter in meine Richtung bewegt, spanne ich den Bogen und verharre regungslos.

Verdammt. Völlig unvermittelt taucht der Bär seitlich in die dichte Vegetation ein. Weg ist er. Das war's wohl. Wind allerdings dürfte er nicht bekommen haben. Von wegen, das war's. Urplötzlich befindet sich Blacky wieder auf dem Pfad und kommt mit watschligem Gang immer näher. Hin und her schwappt der dicke Bauch. Gott sei Dank. Ich zittere nicht mehr.

Als der prächtige Bär gerade mal 15 Meter vor mir breit stehend verharrt, ziele ich, löse die Sehne und kann erkennen, dass der rasiermesserscharfe Pfeil seinen Körper durchschlägt. Nur kurz zuckt der Sohlengänger zusammen, beginnt jedoch bereits nach einer Flucht von höchstens 30 Metern zu schwanken. Blattschuss. Ich bin sicher. Gleich darauf sinkt er, ohne auch nur einen Laut von sich zu geben, zu Boden und ist verendet. Die Wunde, die der Pfeilkopf erzeugte, ließ ihn verbluten.

Ich weiß nicht, wie lange ich ungläubig ob meines Dusels auf den Bären schaue, schließlich jedoch ziehe ich das Funkgerät aus der Tasche, schalte es ein und rufe Trevor an: »Trevor, ich hab' ihn!«, stammle ich.

»Waldmannsheil, du Teufelskerl!«, brüllt er ins Telefon. »Ich komme. In einer halben Stunde bin ich da!«

Erst als Trevor unter der Leiter steht, baume ich ab, zitternd wie Espenlaub. Mein zweiter Pfeil-und-Bogen-Bär bringt bei einem Alter von etwa acht Jahren beachtliche 340 Pfund auf die Waage. »Not so bad for an old German!«, jubelt Trevor. Und nachdem ich ihm die ganze spannende Geschichte erzählt habe, sagt er: »Die Regierung wird sich freuen.«

Manchmal bleiben Jägerträume im wahrsten Sinne des Wortes einfach nur Träume. Manchmal jedoch werden sie wahr. »I love Newfoundland«, sage ich zu Trevor und er antwortet: »And Newfoundland loves you!«

Gegen Abend treffen John Hunt aus Montana und sein Kameramann in der Lodge ein. John ist 56 Jahre alt. Will für den renommierten Fernsehsender Hunt TV mit Trevor einen Film über die Schwarzbärjagd mit der Büchse drehen. Wir sind sofort ein Herz und eine Seele, und ich erlaube mir einen Scherz: John Hunt is a Hunter and works at Hunt TV ... Fantastisch, was er zu erzählen hat, was er in den vergangenen zehn Jahren so alles erlebte. Ich komme aus dem Staunen nicht heraus. Zu essen gibt es frisch zubereitete, großartig schmeckende Lobster. Nein. Wir haben nicht gegessen, wir haben, Originalton John, gefressen wie die Kojoten. Niemals zuvor haben mir die Hummerartigen so gut geschmeckt wie an diesem Abend in Neufundland. Unvergesslich!

Wieder zu Hause, bekomme ich 14 Tage später einen Anruf von Trevor: »John hat vor drei Tagen einen Herzschlag bekommen und war auf der Stelle tot!« Ich bin erschüttert. Die größten Idioten werden uralt, die tollsten Menschen sterben viel zu früh.

Mein Freund, der Baum

Es ist Mittwoch, der 8. Juli 2014. Ich bin in Kanada. Genauer gesagt im Yukon, um den Namaycush, den Kanadischen Meerforellen, nachzustellen. Heute ist ein besonderer Tag: Im Halbfinale der Fußballweltmeisterschaft trifft Deutschland auf Brasilien. Schweren Herzens habe ich mich dennoch entschlossen, einen der bis 45 Kilogramm schweren Salmoniden mit dem Wobbler an der Schleppangel in Grundnähe des riesigen Sees zu erbeuten. Während des Spiels, das um 12 Uhr kanadischer Zeit beginnt, bin ich jedoch in Gedanken jede Sekunde im Stadion.

Zirka 13 Uhr: Das Satelliten-Telefon klingelt. Hardy, der Betreiber der Dalton Trail Lodge, ist dran und fragt Jamey, den Kapitän des Bootes, mit dem wir auf dem 50 Kilometer entfernten See angeln, ob wir etwas gefangen haben.

»Wie steht's«, brülle ich dazwischen. »Wie steht's zwischen Brasilien und Deutschland?« Ich kann Hardy nicht hören, aber Jamey gibt weiter, was er sagt: »Brazil zero, Germany five!«

»Hardy, hör auf mit dem Quatsch! Wie steht's?«

»Germany five, Brazil zero!«

Genau in diesem Moment schlägt es mit Urgewalt in meiner Rute ein, und ich habe Mühe, sie bei strammer Schnur aus dem Halter zu bekommen. Dem Himmel sei Dank, es klappt, der Haken schlitzt nicht aus, und ich beginne zu drillen. Etwa 20 Minuten später befindet sich der größte Namaycush, den ich je fing, im Kescher. 104 Zentimeter lang, 35 Pfund schwer, zirka 50 bis 60 Jahre alt.

14 Uhr. Wieder klingelt das Satelliten-Telefon. Hardy! »Wie ist das Spiel ausgegangen?«, schreie ich vom Bug zum Heck des Bootes, an dem Jamey steht.

»Brazil one, Germany seven«, antwortet Jamey mit ruhiger, sonorer Stimme.

»Ihr Halunken, ihr wollt mich auf den Arm nehmen!«, antworte ich. Deutschland in Brasilien gegen Brasilien und 7 : 1? Unmöglich!

Kaum sind wir gegen Abend wieder in der Lodge, flitze ich zum Computer und surfe: Deutschland besiegt Brasilien 7 : 1! Unfassbar. Historisch! »Das Endspiel«, sage ich zu Hardy, während ich ihm zärtlich über den Kopf streichle, »schaue ich mir natürlich live an.« Deutschland gegen Argentinien. Wie's ausging, weiß jeder. Musste ich einfach noch mal loswerden, die Geschichte.

Acht Tage später, zurück in Deutschland, freue ich mich auf die Bockjagd. Ob es schon brunftet, das Rehwild? Mal schau'n. Bereits früh am Morgen des nächsten Tages mache ich mich trotz Jetlag auf den Weg ins Revier. Bevor ich mich ansetze, will ich jedoch noch kurz gucken, was mein Freund, ein Apfelbaum, so macht. Oh nein! Was ist denn jetzt los? Hier steht kein Baum mehr! Als ich nähertrete, bin ich erschüttert. Vor mir im hohen Gras liegen verstreut die Überreste meines Apfelbaums.

Ein alter Mann, der mit seinem Rauhaardackel zufällig vorbeikommt, klärt mich auf: »Während eines fürchterlichen Gewitters vor zwei Wochen ist hier der Blitz eingeschlagen«, erzählt er. »Der

Baum ist regelrecht explodiert. Lediglich 50 Zentimeter des Stamms sind stehengeblieben.«

Mein Freund, der Baum! Unwillkürlich schießt mir das Lied von Alexandra, mit bürgerlichem Namen Doris Nefedov, in den Sinn. 1969 kam sie im Alter von gerade mal 27 Jahren auf tragische Weise bei einem Autounfall ums Leben. Einige Passagen des Evergreens habe ich noch im Kopf: »Mein Freund, der Baum, ist tot. Er fiel im frühen Morgenrot. Du fielst heut' früh, ich kam zu spät. Du wirst dich nie im Wind mehr wiegen. Bald wächst ein Haus aus Glas und Stein. Dort, wo man ihn hat abgeschlagen.«

Während ich vor den »sterblichen Überresten« meines geliebten Apfelbaums stehe, blutet mir das Herz. Mit hängenden Mundwinkeln, rollenden Augen und zuckenden Schultern stehe ich da und bin verzweifelt. Der »Geflammte Kardinal«, so sein korrekter Name, hat mich jahrelang bis in den Februar hinein mit saftigen, kleinen roten Äpfeln fürs Wild versorgt. Sicher waren es alljährlich mehr als 600 Stück. Fallobst der Premiumklasse.

Aber nicht nur das: Dieser Baum hat mich vor Wind und Regen geschützt, hat mir bei gleißender Sonne Schatten gespendet, und half mir, mit an ihm angestrichener Büchse einen meiner besten Böcke zu erlegen. Die das ganze Jahr über montierte Wildkamera machte unwiederbringliche Fotos von all den Tieren, die sich vor ihr einstellten: Rehe, Füchse, Dachse, Marder, Marderhunde, Hasen, Kaninchen, Enten, Fasanen, Gänse und vieles andere mehr. Mein Freund, der Baum, hat orkanartigen Stürmen getrotzt, Greifen, Rabenvögeln und Ringeltauben Deckung und Nistgelegenheit geboten und musste sich von Hunden anpinkeln lassen. Unzählige Sonnenauf- und -untergänge hatte er erlebt. Rauschen, kichern, raunen, tuscheln, knirschen, wispern, flüstern ... Er war mit allen Wettern gewaschen. Es ist vorbei. Es war einmal ... Ich bin traurig. Tieftraurig.

Im Dezember gleichen Jahres komme ich auf der Pirsch durchs Revier an einer Stelle inmitten der »Wildnis« vorbei, wie ich sie nenne. Ich habe sie nie zuvor betreten und zucke regelrecht zusammen. Oh mein Gott! Das kann nicht wahr sein. Mein Freund, der Baum! Ein Geflammter Kardinal. Voll mit annähernd 500 kleinen, roten Äpfeln. Der schönste Weihnachtsbaum, den ich je sah. 500 leuchtend rote Kugeln! Fantastisch. Ungezählt, das bereits auf dem Boden liegende »Fallobst«.

Nicht nur, dass ich ab sofort wieder bis in den Februar hinein Äpfel für meine Tiere habe, auch das mit den besonderen Erlebnissen geht weiter. Alles wie gehabt. Die schon Tage später montierte Wildkamera ist ebenfalls eine Offenbarung: Rehe, Hasen, Fasanen, ein Fuchs, zwei Enoks, zwei Steinmarder ... was für eine Freude! Als ich Erika davon erzähle, beginnt sie sofort leise zu singen: »Mein Freund, der Baum, er lebt!«

Bewaffnete Spaziergänge

Hatz, mein unvergesslicher Drahthaar, ist bereits seit vielen Jahren tot, aber in meinen Notizbüchern finde ich immer wieder Erlebnisse, die ich noch nicht zum Besten gab. So auch die folgenden:

Während eines bewaffneten Spaziergangs frühmorgens mit meinem Hund beschieße ich einen Bock, einen dünnstangigen schwach vereckten Sechser, der es noch in die 50 Meter entfernte Wildnis des Reviers schafft. Um kein Risiko einzugehen, lasse ich mir etwa 30 Minuten Zeit mit der Nachsuche. Möchte trotz des Lungenschweißes, den ich am Anschuss finde, verhindern, dass sich der Bock mit letzter Kraft irgendwo einschiebt, wo Hatz und ich nicht hinkommen.

Es geht los: Langsam, und ständig zu mir zurückäugend, macht sich Hatz an die Arbeit. Obwohl ich ihn nicht angeleint habe, entfernt er sich nie weiter als zehn Meter. »Brav, mein Hund.«

Vom Sturm gefällte Bäume, faule, moosbepolsterte Stümpfe, Holunderbüsche ohne Ende sowie ein zwei Meter breiter Graben erschweren den Weg. Bereits nach wenigen Minuten läuft mir Schweiß von der Stirn in die Augen. Es brennt. Hatz schaut mich mitleidig an. Immer wieder verweist er ein wenig Schweiß.

Bis zum Graben geht alles gut, aber dann wird es brenzlig. Wir müssen auf die andere Seite. Für Hatz kein Problem, für mich schon.

Wie soll ich da mit dem Gewehr rüberkommen? Es geht nicht anders: Mit der Büchse in den hoch gehaltenen Händen durchwate ich den 80 Zentimeter tiefen Graben, sinke jedoch fast bis zu den Brustwarzen ein. Auf der anderen Seite des Schlots angekommen, wird es noch heftiger. Wildnis pur! Alte Laubbäume, junge Schwarzerlen, riesige Brombeerhorste ... Hier hat der Fuchs seinen Bau, das Rehwild seinen Einstand, der Hase seine Sasse.

Nur kurz muss Hatz suchen, bevor er weiteren Schweiß findet. Ohne Hund hätte ich absolut keine Chance, den Bock zu finden. Noch langsamer als zuvor geht es weiter. Die nassen, schlammigen Klamotten kratzen mich nicht. Erika wird sich freuen ... Verdammt! Der Ast eines Rotdorns findet exakt den Weg durch meinen im Eifer des Gefechts aufgegangenen Hosenschlitz. Es piekt gewaltig, aber ich stecke es weg wie ein Mann. Schweißgebadet und völlig außer Puste kämpfe ich mich voran. Hatz bleibt unmittelbar vor mir.

Wie aus heiterem Himmel bekomme ich in der linken Wade einen Krampf. Das hat mir gerade noch gefehlt. Egal. Nur zu gut weiß ich, dass man manchmal erst durch die Hölle muss, um in den Himmel zu gelangen. Nachdem der Krampf verflogen ist, geht es weiter. 60 Meter haben wir bereits hinter uns gebracht. Und dann ... steht Hatz plötzlich vor. Wie ausgestopft, den rechten Lauf angehoben. Ich kenne meinen Hund. Weiß, dass er etwas in der Nase hat. Mit ziemlicher Sicherheit den Bock. »Such voran mein Hund.«

Langsam zieht Hatz vor und ... erstarrt abermals zur Salzsäule. Auffordernd äugt er mich an. Heißt: »Komm her, da liegt er.«

In der Tat. Längst ist er verendet, mein Bock. »Danke, Hatz«, flüstere ich. Und er wackelt mit der Rute. Nie zuvor und auch später nicht, ist ein von mir beschossener Bock mit einem Lungenschuss so weit gegangen.

Ach so, ja: Nachdem ich den aufgebrochenen Bock im Kofferraum des Wagens verstaut und Hatz trockengerubbelt habe, ziehe ich mich bis auf die Unterhose aus und fahre mit meinem Hund auf dem Beifahrersitz und nassem Hintern nach Hause. Erika, da bin ich sicher, wird die nassen und völlig verschmutzten Kleidungsstücke, die ich ihr feierlich in einer großen Mülltüte überreiche, sofort in die Waschmaschine stecken. Mit dreckigen Klamotten ihres Göttergatten hat sie Erfahrung. Erst kürzlich feierten wir Goldene Hochzeit ...

Hab' ich eigentlich schon erzählt, wie ich Erika kennengelernt habe? Ich glaube nicht. Urplötzlich steht sie bei Tchibo in der Stadt am Nachbartisch und bestellt sich einen Kaffee. Oh. Sie trägt keinen Minirock und braucht auch keinen Lippenstift. Make-up, Piercing und Tattoos? Nee. »Wat'n Quatsch!«

Rauchen? Noch blöder! Sie ist anders als die meisten Frauen, das merke ich sofort. Liebt augenscheinlich Trekkingschuhe und rustikale Klamotten. Eine junge, ausgesprochen hübsche, natürliche Frau, die mit ihrer hemdsärmeligen Art beeindruckt. Wie sagt man? Kein »Püppchen«. Genau in diesem Moment macht es Klick bei mir. Das passt, denke ich. Die möchte ich heiraten und zwei Kinder von ihr haben. Einen Jungen und ein Mädchen. So geschah es. Wie alt wir damals waren? 17 und 19.

Neulich sagte sie zu mir: »Du bist ganz schön unflexibel. Andere Männer in deinem Alter haben schon drei Frauen durch.«

Meine Antwort: »Die sind ja auch nicht so schussfest wie ich!« Kleiner Abstecher. Musste sein.

28. Dezember. Drei Stunden vorm Dunkelwerden bin ich mit Hatz und meiner Hornet auf der Gänsejagd. Ein Freund wünscht sich zwei Graue, von denen er die Brüste und Keulen räuchern will. Nun denn, wer so herzlich bittet ...

Langsam und gemächlich »schlendern« Hatz und ich durchs Revier. Vielleicht kommen wir ja bis auf Schussweite an die seit Wochen ungewöhnlich zahlreich in Ostfriesland eintreffenden Graugänse heran. Mit der Hornet auf jeden Fall eher als mit der Flinte. Es ist kalt. Bitterkalt. Gräben, Kanäle und Seen sind zugefroren. Kein Problem: Die Thermounterwäsche, die Ansitzhose und die Jacke darüber halten mich warm. Meine gefütterten kanadischen Stiefel sowieso. Hatz braucht so etwas nicht.

Ha, da sind sie ja! 14 Graugänse, 200 Meter entfernt auf der Wiese. Sie haben uns bereits eräugt, aber noch nicht als gefährlich eingestuft. Wir schliddern die Böschung des Grabens hinunter und pirschen gleich darauf, langsam auf dem Eis gehend, weiter. Nach etwas mehr als 100 Metern traue ich mich, kurz über den Rand des Walls zu schauen und bin erfreut. Die Grauen haben sich beruhigt und sind noch da. Entfernung: lediglich 80 Meter. Müsste gehen.

Vorsichtig bringe ich den Rucksack in Position und lege die Hornet auf. In aller Ruhe bereite ich mich auf den Schuss vor! Peng! Die anvisierte Gans steilt ein paar Meter hoch auf und fällt gleich darauf mausetot auf die Wiese. Nach nur wenigen Sekunden ist von den anderen Grauen keine einzige mehr zu sehen. »Apport, Hatz!«

Super. Eine haben wir schon mal. Eine zweite wäre aber nicht schlecht. Wir bleiben an Ort und Stelle und geduldig. Diana lächelt: 20 Minuten später fallen an fast derselben Stelle sechs Graue ein, und ich erwische tatsächlich eine weitere. »Apport, mein Hund!«

Der Freund wird sich freuen. Als ich ihm eine Stunde später die Gänse übergebe, achte ich jedoch peinlich darauf, dass Hatz es nicht mitbekommt. Gut möglich, dass er stinkig geworden wäre: »Das sind unsere Gänse!« Ich muss lächeln.

Unglaublich, was wir im Laufe der Jahre mit unserem Hund so alles erlebten! Alle 14 Tage wurde er im abgeschlossenen Innenhof unseres Hauses »aus Reinlichkeitsgründen« eingeseift und mit einem Wasserschlauch abgespritzt. Manchmal, wenn er sich bei der Jagd genauso eingesaut hatte wie sein Herrchen, auch öfter. Unverkennbar: Er genoss es. Zunächst hob er nacheinander die Vorderläufe, dann die Hinterläufe ... Wenn er roch wie eine junge Frau, die sich mit einem Verehrer treffen will, rubbelten wir ihn trocken.

Kaum war das Werk vollbracht, drehte er in einem Anfall unbändiger Freude wie ein wildgewordener Handfeger mehrere Runden durch den Hof. Was für eine Zeremonie. Einfach nur schön! Schließlich und endlich sprang er aus dem Stand senkrecht in die Höhe in meine vor die Brust gehaltenen Arme und ließ sich knutschen. Ich musste lachen. Und auch Hatz begann zu lachen. Es war immer wieder ein wundervoller Anblick, wenn seine Mundwinkel zu zucken begannen, wie seine Augen strahlten, wenn nicht nur seine Rute, sondern das ganze Hinterteil wackelte.

Ich konnte förmlich sehen, was im Kopf meines Hundes vorging, und sah Dinge, die außenstehenden Menschen natürlich nicht auffielen. Ich machte es mir zur Gewohnheit, regelrecht mit ihm zu sprechen. Und auch er redete mit mir. Zwar verstand ich kein Wort von seinem Genuschel, wusste jedoch, was er meinte. Dass Erika in solchen Momenten unaufhörlich mit dem Kopf schüttelte, verzieh ich ihr ... Wie sagte sie noch, wenn wir Besuch hatten? »Guckt euch das an. Dann wisst ihr, was Liebe ist!«

Auch die folgende Begebenheit gehört in diese Kategorie. Hatz befand sich im 15. Feld. Gehör und Augen wurden zunehmend schlechter, und wenn er mit steifen Läufen mehr ging als lief, meinte ich, eine gewisse Ähnlichkeit mit dem wundervollen Schauspieler Walter Matthau, »das Knautschgesicht mit dem großen Herzen«, erkennen zu können. Als ich eines Morgens im ersten Licht des Tages eine Graugans schoss, die tödlich getroffen etwa 100 Meter entfernt auf die Wiese in unmittelbarer Nähe eines mit Entengrütze, bei uns »Antjeflott«, zugewachsenen Schlots fiel, ließ ich Hatz apportieren. Der zog »gemächlichen Schrittes« los und wollte wohl, damit er schneller bei der Gans war, den »festen Weg«, den Graben mit der überwucherten Kleinen Wasserlinse, überqueren.

Schon sackte er ein und saß inmitten des Grabens im Wurzelwerk der Pflanzen fest. Wild paddelnd kam er nicht weiter. Sofort sprang ich hinterher und zog ihn aus dem Wasser. Zum Glück hatte er die wirklich schwarze Brühe nicht geschluckt, sodass es ihm bald wieder gut ging. So 'n Mist. Wir stanken meilenweit nach Jauche.

»Hatz, mein Lieber, du wirst alt, das war kein Weg!«, sagte ich und streichelte ihn.

Unglaublich, der alte Sack: Als wäre nichts gewesen, zog er zielstrebig durch eine geöffnete Pforte und brachte mir die Gans!

Damit die Sitze im Wagen einigermaßen sauber blieben, spülte ich Hatz noch kurz im klaren Wasser eines nicht weit entfernten Kanals ab. Dabei hielt ich ihn im flachen Uferbereich, als wolle ich einen gefangenen Fisch schonend in sein Element zurücksetzen, mit dem Kopf gegen die leichte Strömung und rubbelte ihn sauber. Danach war ich dran ... Nicht zum ersten Mal fuhr ich asschließend, lediglich mit der Unterhose bekleidet, heimwärts. Die Prozedur zu Hause mit dem dringend erforderlichen Einseifen von Hatz zu beschreiben, erspare ich mir. Hatten wir ja schon! Was mich betrifft, zog ich eine längere Dusche mit warmem Wasser vor. »Weichei, Warmduscher!«, sagte meine Frau und lachte.

Lustig wurde es auch, wenn Erika im Haus Staub saugte. Sofort war Hatz zur Stelle, knurrte und bellte das brummende Ding an. Ständig mit den Vorderläufen auf- und niederspringend, sah er aus wie ein Eisbär bei der Robbenjagd. Dabei fletschte er die Zähne, als hätte er seinen Erzfeind »Fürst« vor sich. Wenn Erika jedoch »Kulle, Kulle?« sagte, erstarrte er zur Salzsäule und ließ sich das Fell intensiv absaugen. Im Halsbereich schien er es besonders gern zu haben. Genüsslich bewegte er den Kopf im Zeitlupentempo von links nach rechts und verdrehte die Augen. Um ihm einen Gefallen zu tun, stellten wir manches Mal den Staubsauger an, obwohl es in der Wohnung gar nicht staubig war ...

Zurück in der Vergangenheit

25 Jahre Redaktion »Fisch & Fang«: Angeln, Jagen, Schreiben, Fotografieren, Filmen, großartige, bis in die Fußspitzen passionierte Arbeitskollegen ... Eine Zeit, die ich nicht missen möchte. Meine Welt! Ein wichtiger Bestandteil meines Lebens.

Zwölf Jahre lang, von 1986 bis 1998, fahre ich allwöchentlich von Emden nach Hamburg, wo sich in der Spitaler Straße in unmittelbarer Nähe zum Hauptbahnhof die Redaktionen »Fisch & Fang« und »Wild und Hund« befinden. Nach dem Verkauf des »Paul Parey Zeitschriftenverlags« folgen bis 2011 weitere 13 Jahre Pendeln zwischen Redaktion im rheinland-pfälzischen Singhofen und ostfriesischer Heimat. Und plötzlich, wo nur ist die Zeit geblieben, bin ich 65 und »verdrücke« mich in den Ruhestand.

Fast bin ich geneigt zu sagen, werde ich in den Ruhestand »strafversetzt«. Ich gebe es gern zu. Der Abschied von den »verrückten« Anglern und Jägern in den Redaktionen fällt mir schwer, denn die Arbeit hat unendlich viel Spaß gemacht. Ganz besonders schwer allerdings fällt mir der Abschied vom »Wild und Hund«-Testrevier in Obertiefenbach, in dem ich 13 Jahre lang mit den »wilden Hunden«

jagen durfte. Böse Zungen behaupten, ich hätte mehr Zeit im Wald als in der Redaktion verbracht. Verleumdung! Es war höchstens 50:50.

Abschied? Ja, aber nicht für immer. So ganz, und darüber freue ich mich riesig, haben mich die Kollegen selbst bis heute nach über 15 Jahren »Abstinenz«, nicht vergessen. Alljährlich erhalte ich vom Verleger sowie den Redakteuren von »Wild und Hund«, der »Deutschen Jagdzeitung« und »Jagen weltweit« Einladungen zu Drückjagden. Auch meine Bitte, mich mal wieder im »Wild und Hund«-Testrevier »ganz normal« ansetzen zu dürfen, wird mir erfüllt. Und genau davon möchte ich jetzt berichten. Überschrift, wie könnte es anders sein: »Zurück in der Vergangenheit«.

Ende Oktober. Heiko Hornung, der Chefredakteur von »Wild und Hund«, empfiehlt mir, mich auf die Kanzel »Heide« zu setzen. »Da haben in den vergangenen Tagen fast jede Nacht Schwarzkittel gebrochen. Wie du hinkommst, weißt du ja. Waidmannsheil.«

»Waidmannsheil!«

Großartig! Zwar ist es nicht ganz einfach, aus einer kurz nach Mitternacht austretenden gemischten Rotte Sauen aufgrund des nur schwachen Mondlichtes den Kleinsten der Bande zu erwischen, aber ich schaffe es. Der Frischlingskeiler kippt nach dem Schuss 20 Meter vom Anschuss entfernt um wie ein Kipphase und rührt sich nicht mehr. Welch Freude!

Ich kann nicht anders. Bleibe die ganze Nacht sitzen. Könnte ja noch etwas kommen. Genau wie früher: Unzählige Male bin ich nach einem langen Arbeitstag in der Redaktion auf der Kanzel einfach eingeschlafen. Morgens habe ich mir an einem schnell fließenden Bach etwas Wasser ins Gesicht geschüttet und mich nach einem herzhaften Frühstück beim Bäcker in Singhofen zur Arbeit geschleppt. Die Übernachtungen im Revier, inklusive Tiefschlaf, wurden regelrecht zur Marotte, zur schrulligen Eigenart. Eine Angewohnheit allerdings, die ich, zugegeben, mit fortschreitendem Alter etwas vernachlässige.

Gelegentlich, auch das fällt mir gerade ein, bekam ich in meiner möblierten Wohnung in Nassau Besuch aus Ostfriesland: Meine liebe Frau hatte es sich in den Kopf gesetzt, mir die »Langeweile nach der Arbeit« (Brüllwitz!) etwas zu vertreiben. Als Erstes nahm sie sich den lilafarbenen Teppich im Flur vor, dem die gelegentlich schmutzigen Stiefel und Schuhe wohl etwas zugesetzt hatten, und steckte ihn in die Waschmaschine. Als sie mir am Abend einen frisch gewaschenen, wohlriechenden hellblauen Teppich vor die Nase hielt, sagte ich nur: »Das ist nicht mein Teppich! Meiner war lilafarben ...«

Auch an der »gesunden Ernährung« ihres Gatten innerhalb der Woche hatte sie etwas auszusetzen: Die zehn nach Verfalldatum übereinander gestapelten Tafeln Vollmilch-Mandel-Schokolade und die vier Literflaschen Coca-Cola lösten alles andere als Jubelstürme bei ihr aus. Von der geliebten mittäglichen Currywurst mit Pommes aus einem Imbiss in Singhofen war sie ebenfalls nicht begeistert. Nach all diesen Erkenntnissen besuchte mich Erika wesentlich öfter als zuvor. Im Gepäck: ein großes gesundes »Fresspaket« ...

Zurück zum Ort des Geschehens: Immer noch befinde ich mich auf der »Heide«. Ich bin hellwach und grüble vor mich hin. Weitere Anblicke allerdings habe ich nicht. Und schon beginnt es hell zu werden. Wundervoll der Sonnenaufgang hinter den von hohen Fichten bestandenen Bergen. Grandios die Rundumsicht. Nein. Ich bin nicht müde. Wirklich nicht. Wie kann man müde sein, in dieser Umgebung? In diesem herrlichen Fleckchen Erde. Tausend Gedanken gehen mir durch den Kopf.

Natürlich kann ich von der »Heide« aus nicht jeden einzelnen Hochsitz sehen, aber wo sie stehen, oder gestanden haben, das weiß ich noch ganz genau. Schon mache ich einen virtuellen Rundgang durchs 540 Hektar große Revier. Beginne mit der Kanzel am Wasserhaus: Ich habe sie nicht gezählt, die Sauen und Füchse, die ich in all den Jahren dort unmittelbar an dem alten Limeswall erlegte. Ganz besondere Stunden! Auch die Leiter am Waldrand beim Limeshof bescherte mir großartige Erlebnisse. Nicht nur der unzähligen Rabenkrähen und Elstern wegen. Füchse, Steinmarder, ein Weihnachtshase ... unvergessen und unvergesslich! Genau wie die Dachsröhren an der Plätzer Mühle. Ein Bereich, ein Hang im Fichtenaltholz, den die Schmalzmänner auf einer Länge von nahezu 150 Metern regelrecht in einen Schweizer Käse verwandelt haben. Immer gut für einen unserer größten Marder.

Die »Heide«, mein kostenloses Hotel heute Nacht: Sie befindet sich am Rand einer großen Weide, die an drei Seiten von Wald gesäumt ist. Sauen, Rehwild, Damwild, Füchse ... Die Heide war und ist, wie ich auch heute Nacht wieder erfahren durfte, immer einen Ansitz wert. Die »Grüne Hölle«: eine Wildnis im wahrsten Sinne des Wortes. Ein Bereich, der mir alljährlich mindestens zwei Sauen bescherte. Jetzt gelange ich zur »Staatsgrenze«, der geschlossenen Kanzel, von der aus ich nach vielen erfolglosen Wochen endlich doch noch einen Schwarzkittel erlegte, den sich die Kollegen von »Fisch & Fang« zu Weihnachten gewünscht hatten.

Die »Suhlenkanzel« in der Nähe des Spriestersbacher Hofs: Mitten im Sommer hatte ich in den Abendstunden fantastische Anblicke. Als hätten sich alle Tierarten des Taunus dort versammelt. Allein darüber könnte ich eine achtseitige Reportage schreiben. Während eines Rundgangs durch die Wildnis fand ich innerhalb von vier Stunden drei verschiedene Damwild-Abwurfstangen.

Gedankenverloren schaue ich rüber zum »Geiersberg«. Ich kann ihn sehen. Rehwild, Damwild, Sauen, Füchse und Dachse habe ich von dieser Kanzel aus erlegt. Nicht weit vom »Geiersberg« entfernt befindet sich die geschlossene Kanzel »Katzenbuckel«. Aufgrund gelegentlich schlechten küselnden Windes zwar nicht immer leicht zu bejagen, aber dennoch äußerst Erfolg versprechend. »Grenzholz«: Auch auf dieser offenen Kanzel habe ich manche Nacht verbracht. Unvergessen der Tag, an dem ich innerhalb kurzer Zeit eine Sau, ein Damkalb sowie einen Fuchs erlegte.

»Fernblick«, so heißt die Kanzel, von der aus ich die meisten Rotröcke im Testrevier schoss. Etwa 50 Meter vom Hochsitz entfernt stand ein Apfelbaum, unter dem sich der das ganze Jahr über beschickte Luderplatz befand. Fantastisch der Blick zu den vorgelagerten Dörfern.

Zwar haben einige der genannten Jagdeinrichtungen bereits das Zeitliche gesegnet oder wurden durch neue ersetzt, aber die Erlebnisse, die ich mit ihnen verbinde – ich wiederhole mich gern –, bleiben unvergessen.

Als ich nach dem Frühstück beim Bäcker gegen zehn Uhr mit der aufgebrochenen Sau im Verlag ankomme, um sie in der Kühlkammer aufzuhängen, kommen gleich drei »wilde Hunde« hinzu und schlagen (jawohl, schlagen!) mir auf die Schulter. »Super Akki, genau wie früher! Als wärst du nie weggewesen.«

Fallenjagd XXL

Ich bin kein erfahrener Fallensteller. Wirklich nicht. Habe erst vor wenigen Jahren, nachdem ich in Rente ging, mit dieser effektiven Jagdart begonnen. Früher ging es aus Zeitgründen leider nicht.

»Okay«, sagt Erika, »rein äußerlich hast du schon Ähnlichkeit mit einem alten, schrulligen Fallensteller aus Alaska. Die allerdings«, fährt sie lächelnd fort, »verstehen ihr Handwerk.« Nein, ich habe nie an Trennung gedacht, nur an Mord! Frei nach Loriot: »Morgen bringe ich sie um!«

Aber es klappt von Jahr zu Jahr besser: Sowohl mit der Betonrohrfalle, der Kofferfalle als auch der Kastenfalle bin ich erfolgreich. Das gesamte Raubwild plus Nutrias gehen mir an die Leckerbissen. Nicht nur konventionelle Köder, wie Aufbruch, Eier oder Fisch biete ich an, sondern ohne Skrupel und mit besonderer Vorliebe auch überfahrenes Wild im Ganzen oder Halben: Hasen, Karnickel, Fasanen, Enten, Tauben und vieles andere mehr! Fast bin ich erstaunt: It works! Und zwar richtig gut. Eines Tages fange ich mit einem großen Stück Speck sogar einen elf Kilogramm schweren Dachsrüden. Ein im wahrsten Sinne »specktakuläres Specktakel!«

Reemt, mein guter alter Freund, ist Bisamjäger. Des Öfteren ruft er mich an und fragt, ob ich welche für meine Fallen haben will. Die Antwort ist immer dieselbe: »Sehr gern!«

Einmal fängt er in drei Tagen 39 Bisams. Das sagt er mir jedoch nicht, sondern bittet mich nur, vorbeizukommen. Weil ich lediglich zwei Zehn-Liter-Eimer dabeihabe, muss er mir drei weitere leihen ... Reemt grinst bis über beide Ohren. Da ist er völlig schmerzfrei. Ich friere die Nager ein, und ... bekomme gewaltig Ärger mit Erika. Sie hat kaum noch Platz in der Truhe für Lebensmittel. Wie kann man nur so pingelig sein! Nun denn. Ich bestelle mir einen speziellen Wildkühlschrank, stelle ihn in die Garage, und der schiefe Haussegen steht wieder kerzengerade.

Nächster Anruf von Reemt: »Ick – heb – n – paar – Brassen – för – di.« Als ich vor seinem Haus am Uphuser Meer bei Emden ankomme, erschrecke ich. Im großen schwarzen Maurerkübel am Bootsanleger befinden sich 80 Fische in Gewichten von ein bis vier Pfund, die er in Reusen fing! Aber weil er ein durch und durch netter Mensch ist, leiht er mir den Kübel. »Deine drei Eimer reichen nicht.«

Bevor ich losfahre, gibt er mir noch einen Rat: »In der Natur vorkommende Tiere wie Bisam, Brassen oder Fallwild sind mit Abstand die besten Köder für die Fallenjagd. Das kennt das Raubwild!« So isses. Diesbezüglich macht ihm niemand etwas vor.

Als Reemt im Alter von 79 Jahren viel zu früh stirbt, verlieren sowohl der Bezirksfischereiverband für Ostfriesland als auch die Jägerschaft Emden einen ausgesprochen liebenswerten, schlitzohrigen Menschen, der tiefe, sehr tiefe Spuren hinterlässt.

Zurück zur Fallenjagd: Mitte November beschicke ich gegen Abend bei noch gutem Licht die Betonrohrfalle mit einem ganzen überfahrenen Hasen und setze mich danach mit der Hornet auf die geschlossene Kanzel in 30 Metern Entfernung zum Luderplatz. Fünf Tage vor Vollmond will ich bei sternenklarem Himmel mindestens bis Mitternacht sitzen und hoffe, einen ganz bestimmten Rotrock, der sich mehrmals von der Wildkamera ablichten ließ, erlegen zu können. Pustekuchen. Zwar habe ich guten Anblick, allerdings von Rehwild, ein Fuchs lässt sich nicht blicken. Von Dachs, Enok, Iltis oder Steinmarder ganz zu schweigen. Immerhin. Das kaum verstummende Kakeln der Graugänse auf den Wiesen und in der Luft hält mich wach. So vergeht die Zeit. Hell ist es. Erfreulich hell. Schießen wäre kein Problem.

Verdammt: Schon 23.45 Uhr, aber bis Mitternacht werde ich bleiben. 23.50 Uhr: Wird wohl nichts mehr heute. Rundgang mit dem Fernglas: Nichts. 23.55 Uhr: Fünf Minuten bleibe ich noch. Mitternacht: Och nee. Auf ein paar Minuten kommt es jetzt auch nicht mehr an. 0.15 Uhr: Soll ich abbaumen? Nein. 15 Minuten warte ich noch ... aber es tut sich nichts. Okay. Es reicht. Feierabend.

Was ist denn das? Unmittelbar bevor ich abbrechen will, höre ich, wie die nicht weit entfernte Falle lautstark zuklappt. Ja, bravo. Zwar ist es nicht ganz einfach, den roten Freibeuter, den ich erwischt habe, in den Fangkorb zu lancieren, aber dank des Mondes und meiner Taschenlampe bekomme ich es hin. »Ein männlicher Rüde«, sagt Erika, als ich zu Hause eintreffe. Wo sie recht hat, hat sie recht.

Noch 'ne Fallengeschichte: Es ist Mitte Juni, und die Jungfüchse sind bereits auf den Läufen. Jeden Tag, jede Nacht gehen sie in die noch nicht fängisch gestellte Betonrohrfalle und fressen alles, was ich ihnen anbiete. Die Wildkamera ist mein Zeuge. Auf einem der Bilder erkenne ich, es sind mindestens vier Welpen.

Drei Tage später beschicke ich die Falle kurz vor der Dunkelheit mit Aufbruch eines überfahrenen Rehs und stelle sie fängisch. Mal schau'n, ob es klappt, einen der Rabauken zu erwischen. Weil Fallen aus gesetzlichen Gründen morgens und abends kontrolliert werden müssen, mache ich mich am nächsten Morgen noch vor Sonnenaufgang auf den Weg und ... freue mich. In der Betonrohrfalle befinden sich gleich zwei Jungfüchse!

Ich gebe es gern zu. Es ist nicht schön, die Welpen zu bejagen. Aber wenn es im Revier zu viel Raubwild gibt, muss es aus hinlänglich bekannten Gründen einfach sein. Zwei weitere Gehecke sowie Steinmarder, Iltis, Marderhund, Dachs und Habicht ... das ist schlicht und ergreifend zu viel des Guten. Hasen, Kaninchen, Enten, Gänse und Fasanen, um nur einige zu nennen, wollen auch leben.

Auf dem Rückweg mit der Beute zum Wagen beginnt es plötzlich fürchterlich zu regnen. Ein richtiger Wolkenbruch, der da auf mich herniederprasselt. Mich sticht der Hafer, und ich ziehe mich, in der Gewissheit, dass ich allein in der Wildnis bin, also nicht als Exhibitionist verhaftet werden kann, splitternackt aus, packe die Klamotten so schnell es geht in den Rucksack, stecke diesen in die riesige Kunststoff-Mülltüte, die ich immer dabeihabe, und genieße ausgiebig die kostenlose Dusche, die mir Petrus spendiert. Diana kann ja wegschauen, wenn sie will. Einfach herrlich! Hier bin ich Mensch, hier darf ich sein, wusste schon Waidkamerad Goethe....

Als es aufgehört hat zu regnen, ziehe ich mich wieder an und bin richtig stolz: Alle Kleidungsstücke sind knochentrocken. Es gibt doch nichts Schlaueres als Menschen, denke ich. Obwohl, manchmal sind Menschen, ist die Menschheit ganz schön blöd. Aber das ist ein anderes Thema.

Kleiner Nachtrag: Auch mit den Fängen in der Koffer- und Kastenfalle bin ich zunehmend erfolgreich. Enok, Steinmarder, Iltis und sogar ein junger Dachs lassen sich verführen. Lediglich der Waschbär ziert sich noch.

Irgendwo, das fällt mir gerade ebenfalls noch ein, habe ich mal gelesen, dass Marderhunde relativ leicht mit der Falle zu erwischen seien. Das allerdings kann ich nicht bestätigen. Innerhalb von drei Jahren erwischte ich gerade mal zwei junge Rüden. Ein kapitaler Enok, das verriet mir die Wildkamera, hat mir sogar mal »unter Protest« auf die Betonrohrfalle gekackt. Sollte wohl heißen: »Ich sch... drauf! Den Köder kannst du selbst fressen.«

Treffsicher

Hinni ist sowohl ein ausgesprochen passionierter Jäger als auch leidenschaftlicher Angler und ein richtig guter Freund. Unzählige Stunden verbringen wir zusammen im Revier und am Wasser. Unmissverständlich klar und deutlich verkündet er lautstark mit sonorer Stimme seine Meinung. Nicht nur über bestimmte Politiker, sondern über nahezu alles, was auf dieser unserer Erde so alles schiefläuft. Das gefällt zwar nicht jedem, mir jedoch in höchstem Maße. Manchmal allerdings nur in gebührendem Abstand mit zugehaltenen Ohren ...

»Der größte Schädling, das grausamste Raubtier der Welt«, sagt er auf einer der letzten Kaninchenjagden zu mir, »ist der Mensch. Er nimmt viel zu wenig Rücksicht zum Beispiel auf Landschaften, Tiere und Pflanzen. Einfach unerträglich, der erbarmungslose Umgang mit der Natur. Und das Schlimmste: Die Population der Spezies Homo sapiens wächst und wächst. Irgendwann wird der Planet die neun Milliarden nicht mehr ernähren können. Aber wehe, jemand nennt das Kind beim Namen, behauptet, es gibt zu viele Menschen auf der Welt. Schon wird alles zerredet. Natürlich sollen alle Menschen, die gerade die Erde bevölkern, so lange leben wie möglich. Aber die Produktion neuer, finde ich, muss reduziert werden. So geht es nicht weiter.«

Schlusswort: »Die Natur in ihrer Gesamtheit muss von klugen Menschen vor den dummen Menschen geschützt werden! Du weißt ja, Akki. Wir sind umgeben von Bekloppten! Albert Einstein drückte es ähnlich aus: Der Hauptgrund für Stress ist der tägliche Kontakt mit Idioten. Muss man auch mal sagen dürfen!«

Jo, Hinni. Das muss man auch mal sagen dürfen!

So vergehen die Jahre, genauer gesagt, die Jahrzehnte, und irgendwann nimmt auch bei Hinni, er heißt mit richtigem Namen Hinrich, das Schicksal seinen Lauf. Er wird krank und von Monat zu Monat schwächer. Zum Glück ist seine Margret gelernte Krankenschwester, sodass er bestens versorgt wird. Margret weiß immer genau, was zu tun ist und verzichtet bis zuletzt auf fremde Hilfe.

Mit 80 Jahren jedoch ist Hinnis Zeit abgelaufen. Fünf Tage vor seinem Tod schneide ich mit dem Motorrasenmäher im Revier von Freund Uwe einen 300 Meter langen Pirschweg durch die Wildnis. Dabei übersehe ich einen Maulwurfhaufen im hohen Gras, und der Rasenmäher säuft ab. Ich muss ihn neu starten. Unmittelbar bevor ich das tue, bimmelt mein Handy. Was für ein Zufall. Hätte ich weitergemäht, ich hätte es nicht gehört.

Es ist Hinni: »Hallo, Akki. Ich will mich von dir verabschieden. Muss ins Krankenhaus. Komme wohl nicht mehr zurück!«

Oh nein! Ich lasse alles stehen und liegen und fahre, sicher mit zu hoher Geschwindigkeit, zu ihm nach Hause. Margret wartet bereits vor der Tür und winkt mich herein.

»Akki«, sagt Hinni, der in seinem Krankenbett liegt, »du warst ein Leben lang ein guter Freund. Danke dafür!«

Was für eine Geste! »Das beruhte auf Gegenseitigkeit«, antworte ich.

Erst vor wenigen Wochen hatten wir über den Tod gesprochen. Wie sagte er noch? »Eine feierliche Seebestattung, ehrende Nachrufe, dann wird es still an der Küste.« Und er fuhr fort: »Du musst dir mal vorstellen, wie lange du tot bist. Dann weißt du, wie lange du nicht gelebt hast und nicht mehr leben wirst, weißt, wie kurz die Zeit ist, in der du auf der Welt bist.«

Es läuft mir kalt den Rücken herunter, als ich daran denke, und die Haare an meinen Armen stehen stramm. Hühnerscheiße, denke ich! Sterben ist doof! Schließlich verabschiede ich mich von Hinni in der Gewissheit, ihn wohl nicht mehr wiederzusehen, denn der Krankenwagen steht bereits vor der Tür.

Bevor ich gehe, sagt Hinni noch, ich solle mir eins seiner Gewehre als Erinnerung aussuchen. »Dein Erbteil. Am besten nimmst du die .30-06 von Blaser mit dem Zeiss-Zielfernrohr 8 x 56. Damit habe ich noch nie vorbeigeschossen. Und auch meine neue Wildkamera gehört dir.«

Ich freue mich riesig und drücke ihn ein letztes Mal. Die Probeschüsse mit der .30-06 auf dem Schießstand sind in der Tat exzellent. Selbst nach acht Schüssen verändert sich die Trefferlage um keinen Millimeter. Auch in der besagten Wildkamera scheint Hinnis Geist zu stecken. Sie macht von allen Kameras, die ich installiert habe, die mit Abstand interessantesten Fotos. Rehwild, Füchse, Marderhunde, Iltisse, Steinmarder, Dachse, Nutrias, Enten, Gänse ... Kaum zu glauben, was mir »Augenzeuge Wildkamera« so alles erzählt.

Mitte Mai: Während es sich Erika vor dem Fernsehgerät gemütlich macht, um ihre Lieblingssendung anzugucken, verdrücke ich mich in mein Zimmer, will mal wieder in den nostalgischen Fotoalben »Jagd« blättern, zurückblicken ins Schaufenster meines Lebens. Besonders lange verharren die Blicke auf dem Bild »Hinni mit Rehbock«.

»Weißt du was«, sage ich zu Erika, »morgen Abend versuche ich, den alten, heimlichen Bock in der ›Wildnis‹ zu kriegen. Du weißt ja, den mit den langen, glatten Stangen. Wird Zeit, dass ich Hinnis Gewehr mal mit zur Jagd nehme.«

Im Revier angekommen, richte ich mich auf der drei Meter hohen Leiter ein und freue mich über alles, was ich sehe und höre. Flöten, Pfeifen, Zwitschern überall. Meister Lampe hoppelt durchs Unterholz, und in der Ferne ertönt das wiehernde Gelächter des Grünspechts. Der leichte Regen hat Perlen an jede Pflanze geträufelt, im gleißenden Sonnenlicht glänzen sie wie Diamanten.

Rot. Ich sehe rot. Ein schwacher, bereits verfärbter Jährling, das Gehörnchen natürlich noch im Bast, gibt sich kaum 60 Meter links von mir die Ehre. Er hat Glück. Heute habe ich es auf den Alten abgesehen. Der Junge läuft mir nicht weg. Als wüsste er, dass ihm nichts passieren kann, äst der Jüngling völlig arglos, einer stoisch weidenden Kuh ähnlich, vom saftigen Grün auf der Wiese.

Oh. Auch 80 Meter entfernt im Schilf vor einem Graben bewegt sich etwas! Es ist der Bock, um den es mir geht. Der Alte mit den langen Stangen. Ein sogenannter »Mörder«. In Zeitlupe hebe ich das Fernglas an die Augen und sehe, was er tut. Nach fast jedem Blatt, das er zupft, wirft er auf. Der ist nicht doof! Immer näher kommt er. Die Lauscher spielen, der Windfang schnuppert. Unaufhörlich nickend stampft er unruhig mit den Vorderläufen. Hat er mich mitbekommen? Eher nicht.

Als er höchstens noch 60 Schritte entfernt breit stehend mit gesenktem Haupt vom Klee auf der Wiese nascht, mache ich mich fertig. Sekunden später wirft der Bock auf, um die Lage zu peilen, und ich schicke die .30-06-Superformance-Patrone auf die Reise. Wie hatte Freund Richard, der ebenfalls eine .30-06 besitzt, noch gesagt? »Mit der Superformance liegt das Wild in den allermeisten Fällen auf der Stelle.«

In der Tat. Der Bock fällt um und rührt sich nicht mehr. Ich bin hocherfreut. Ein perfekter Schuss. Ich schaue zum Himmel und winke Hinrich zu. »Hast recht gehabt, Hinni. Mit diesem Gewehr schießt man nicht vorbei!«

Minuten später hält mich nichts mehr. Büchse entladen, und runter vom Hochsitz. Die beiden unteren Sprossen der Leiter vergesse ich und verrenke mir den Fuß. Im Gras lauern Wurzeln und Äste. Schließlich bringt mich eine hinterlistige Brombeerranke zu Fall. Die Wange blutet. Egal. Schwer schnaufend stehe ich schließlich vor meinem Bock. Wie aus einer Sektflasche sprudelt der hellrote Lungenschweiß über die Decke ins grüne Gras der Weide.

Klare Sache: Er ist alt. Mindestens acht Jahre hat er auf dem Buckel. Glückshormone durchströmen meinen Körper. Minutenlang habe ich ein Lächeln auf den Lippen. Unendlich dankbar für die gelungene Premiere mit Hinnis Büchse streiche ich dem großartigen Bock über die Decke. Bis heute habe ich kein einziges Stück Wild mit Hinnis Gewehr gefehlt. Vielleicht liegt es aber auch daran, dass ich mich beim Schuss noch mehr konzentriere als ohnehin schon. Ich will mich vor Hinni nicht blamieren. Der steigt doch glatt aus den Fluten der Ems und stänkert mich an ...

Gut gedrückt

Ende November: Drückjagd im Mittelgebirge. Alle 38 angereisten Schützen freuen sich auf den bevorstehenden Jagdtag. Man kennt sich und schüttelt eine Hand nach der anderen. Einer der älteren, bereits ergrauten Mitjäger knutscht die anwesenden Damen regelrecht ab.

»Was guckt ihr so blöd«, sagt er, als zwei andere Herren der Schöpfung höflich Kritik äußern. »Das ist doch eine Drückjagd heute, oder etwa nicht? Auf einer Drückjagd wird nun mal gedrückt.«

Ein Waidmann aus Bayern schließt sich dem Drücker an. »I a, i a!«, ruft er. »Ich auch, ich auch!« Ein Esel hätte es nicht schöner formuliert! Herrlich!

Pünktlich um 8.30 Uhr ergreift der Jagdleiter das Wort: »Erlegt werden darf alles Schwarzwild bis auf führende Bachen. Außerdem weibliches Rehwild und Kitze, egal welchen Geschlechts, sowie Füchse. Kein flüchtiges Rehwild beschießen! Das erste Treiben beginnt um 9.30 Uhr und endet um 12 Uhr. Das zweite dauert von 13.30 Uhr bis 16 Uhr.« Lautstark werden dann die Schützen ihren Anstellern zugeteilt, und schon geht‘s los.

Flott besteigen die Waidmänner die mit Strohballen versehenen Anhänger der Traktoren und es geht ins Revier. Auch die Treiber und Hundeführer machen sich auf den Weg. Wie immer ist alles perfekt organisiert. Als ich nach kurzer Einweisung des Anstellers mitten im Wald meinen Platz auf der offenen Kanzel eingenommen und die Büchse geladen habe, finde ich die Muße, mich umzuschauen. 150 Meter links und 200 Meter rechts von mir befinden sich die Nachbarschützen. Weithin sind ihre orangefarbenen Jacken und Hutbänder zu sehen. Freundlich heben sie die Hände: »Hier bin ich!«

Der Laubteppich auf dem Waldboden ist in diesem Jahr besonders hoch, in den Kronen der hohen Fichten spielt der Wind, und zwischen den Forstpflanzen hinter mir wuchert dichtes Brombeergestrüpp. Aber was ist das? Auf dem Boden des Sitzes direkt vor meinen Stiefeln glänzt ein Häufchen Marderlosung. »Drei Jahre, männlich«, würde Freund Arndt jetzt mit dem Brustton der Überzeugung sagen.

Weit über den Wipfeln uralter Eichen krächzt ein Kolkrabe. Es klingt, als hätte er die ganze Nacht durchgesoffen. Es ist frisch, um die sechs Grad. Gut, dass ich meine Thermounterwäsche angezogen habe.

Noch bevor ich das Signal »Anblasen des Treibens« vernehme, fallen vereinzelt Schüsse. Auf anwechselndes Wild darf nach Einnahme der Stände auch vor dem Anblasen geschossen werden. Und dann, etwa 15 Minuten später, gellt es »Hopp, hopp, hussa, hussa!« durch das Fichtenaltholz. Gleichzeitig werden Stöcke gegen Bäume geschlagen. Plötzlich jault ein Hund auf. »Jiff, jiff, jiff, jiff!« Unmittelbar darauf fallen nacheinander drei Schüsse. Bauf! Bauf! Bauf! Dumpf klingen sie, und die Echos rollen regelrecht durch den Wald. Ich liebe sie, diese Klänge.

Noch sind die Treiber und Hunde weit entfernt, und ich muss die Ohren spitzen, denn die vom Regen in der Nacht durchgeweichten Blätter wirken schalldämpfend. Plötzlich zucke ich zusammen.

Da war doch was! Tasächlich. Das Rauschen, das ich jetzt vernehme, wird zunehmend lauter und bewegt sich exakt auf meinen Sitz zu. Sauen? Fast bin ich sicher, dass Schwarzkittel anwechseln.

Irrtum. Ricke und Kitz. Sekunden später höre ich sogar das Fiepen und Keuchen des Kitzes. Längst habe ich mich erhoben, und behutsam gleitet der Schaft der Büchse an die Schulter. Als das Rickenkitz auf 35 Meter verhoffend breit steht und sich der Zielstachel des Absehens auf dem Blatt festgesogen hat, lasse ich das 10,5-Gramm-Geschoss meiner 7 x 57 fliegen. Wie vom Blitz getroffen kippt das Kitz, ohne noch mit den Läufen zu schlegeln, ins Laub. Unmittelbar nach dem Schuss geht die Ricke hochflüchtig ab und verschwindet mit Riesensätzen in einer Schonung.

Als mich Minuten später zwei Treiber passieren, sind sie so freundlich, das Kitz aufzunehmen und am Weg in der Nähe abzulegen. »Danke!«

Bis auf einen hochflüchtigen Bock im Stangenholz, der noch nicht abgeworfen hat, habe ich keinen weiteren Anblick, aber überall ist Hundegeläut zu hören. Als hintereinander mehrere Schüsse fallen, verstummt der Laut kurz. 12 Uhr, Mittag. Das erste Treiben ist beendet. An der Sammelstelle gibt's belegte Brote. Danach Kaffee. Nirgendwo sonst schmeckt er besser als im Wald. Das Zwischenergebnis kann sich sehen lassen: Zwölf Sauen, sieben Rehe und zwei Füchse liegen bereits auf der Strecke. Schneller als gedacht ist die Pause verstrichen, und die Gruppenführer sammeln ihre Schützen für das zweite Treiben. Auf geht's!

Auch jetzt wieder wird mir ein aussichtsreich erscheinender Stand zugewiesen. Am Stamm einer mächtigen Eiche bohre ich den Sitzstock so in die Erde, dass ich mich beim Sitzen anlehnen kann und zugleich Deckung habe.

Hundegeläut – »Jiff, jiff, jiff, jiff, jiff!« Lauthals verkünden die Terrier, dass sie Wild gefunden haben und es jagen. Die Treiber brüllen.

Es klingt, als würden sie Megaphone benutzen. Noch sehe ich nichts. Doch dann kommt Wild in Anblick. Drei etwa gleich große Sauen. Schätzungsweise 40 Kilo. Überläufer. Das passt.

Eher gemächlich als hochflüchtig ziehen die Schwarzkittel kaum 30 Meter vor mir diagonal den steilen Hang hinauf. Längst habe ich die entsicherte Büchse an der Wange, und nach dem Schuss rollt der letzte der Überläufer den Berg hinunter. Zehn Meter weiter bleibt er an einer entwurzelten Fichte hängen. Kammer auf, neue Patrone in den Lauf, konzentrieren, die wiederum letzte Sau erfassen, und erneut knallt es. Treffer! 50 Meter unterhalb des Bergrückens bricht der Kujel inmitten des Buchenaltholzes mit sauberem Blattschuss zusammen. Wieder repetiere ich, schieße jedoch nicht mehr. Kein Kugelfang. Und schon ist die Bühne leer.

Als der Spuk vorbei ist, registriere ich mit großer Freude, dass ich soeben zwei Sauen erlegt habe. Ich bin bester Laune und zutiefst zufrieden. Es ist lange her, dass ich auf einer Drückjagd zwei Sauen gestreckt habe. Nachdem der Puls wieder auf Normalniveau gefallen ist, wandert mein Blick gemächlich in die Richtung, aus der die Schwarzkittel kamen, und ... ich erstarre. Ein Fuchs! Eine Fähe, wie sich herausstellen wird. Habe ich durchgeladen? Ja!

Im Zeitlupentempo entsichere ich die Waffe, gehe in Voranschlag und warte, bis der rote Freibeuter etwa 35 Meter entfernt zwischen zwei Fichten kurz verhofft. Ich bin begeistert: Die Fähe liegt im Schuss und rührt sich nicht mehr. Was für ein Glück: Mal hält Diana einen Schönheitsschlaf, ein anderes Mal schüttet sie ihr ganzes Füllhorn über den Waidmann aus.

Und wieder knallt es mehrmals nacheinander. Es hört sich an wie das Grollen eines Gewitters. Was für eine Stimmung. »Hopp, hopp«, rufen die Treiber. Zwischendurch ertönt das Geläut der Hunde.

Der aufkommende Wind sprüht mir den nun einsetzenden Landregen ins Gesicht. So sehr, dass die Brille beschlägt und ich sie mehrmals putzen muss. Als der Regen nachlässt, geht es wieder. Der Blick auf die Uhr zeigt, in wenigen Minuten ist die Jagd vorbei. Nur einmal noch fällt ein Schuss, dann leuchten die Warnwesten der Treiber auf. Das war's. In der Ferne verkündet ein Horn »Hahn in Ruh'!«

Ich entlade die Büchse und schleppe die Sauen sowie den Fuchs zum Weg. Herrlich. Der Terrier eines Treibers hat sich an eine der ansitzenden Damen herangemacht, die sich gerade auf dem Weg zum Sammelplatz befindet.

Die Gesamtstrecke der Drückjagd ist hervorragend. Von den 38 Schützen wurden 25 Sauen, 9 Rehe und 6 Füchse erlegt. Und das bei kaum mehr als 60 Schüssen. Einfach nur gut, richtig gut. Lediglich eine Sau musste nachgesucht werden.

Wo die Wölfe heulen

Anfang September. Zum dritten Mal schon bin ich in der Treeline Lodge am Nueltin Lake in Manitoba. Dorthin führt keine Straße, die nächste Siedlung ist 200 Kilometer entfernt, das Handy hat keinen Empfang und nachts heulen die Wölfe. Die einzige Möglichkeit, das großartige Fleckchen Erde zu erreichen, ist zu fliegen. Nach der spannenden, erfolgreichen Fischwaid auf zum Teil kapitale Kanadische Seeforellen und große Hechte geht es hoffnungsvoll auf ein Barren-Ground-Karibu.

Ab ins Boot. Und nach gut einer Stunde Vollgas erreichen wir die angesteuerte 70 Hektar große Insel. Eine von vielen Tausenden. Dort, erzählt mein indianischer Guide Adahy – übersetzt bedeutet sein Name »Der in den Wäldern lebt« –, wurden in den vergangenen Tagen von anderen Guides mehrere Karibus gesichtet, jedoch nicht beschossen.

»Die sogenannten Insel-Karibus«, erklärt er, »müssen von Insel zu Insel schwimmen, bevor sie das Festland erreichen. Dort setzen sie ihre Wanderung zu den besten Äsungsplätzen fort.«

Über schwammigen, morastigen Boden pirschend, sind wir froh, als wir die sumpfige Freifläche schließlich hinter uns gelassen haben. Inmitten gewaltiger, mit Moos bewachsener Felsen, zwischen denen unzählige verkrüppelte Bäume ihr Dasein fristen, ist der steinige Boden glitschig. Wir müssen aufpassen, nicht auszurutschen. Riesige Schwärme von Mücken machen uns zu schaffen. Die Quälgeister kriechen in Ärmel und Hosenbeine. Die wertvollsten Körperteile allerdings erreichen sie nicht.

Adahy ist die Ruhe selbst. Von Zeit zu Zeit erhebt er sich, um sich umzusehen. Im Gegensatz zu mir braucht er kein Fernglas. Hoch und runter geht es, vorbei an einer kleinen Wasserfläche inmitten der Insel. Schließlich erreichen wir ein zwei Fußballfelder großes mit Gras bewachsenes Plateau. Nichts. Nicht ein Haar ist zu sehen. Beim Durchqueren der nächsten Dickung bleibe ich etwas zurück. Ständig versacke ich im Morast. Es scheint, als wolle mich die Wildnis daran hindern, ein Karibu zu erlegen. Die Lungen pumpen, der Körper dampft. Adahy ist das alles gewohnt. Ihm macht der Hindernisparcour nichts aus.

Über uns ruft ein Kolkrabenpaar: Odins stolze Vögel. Kaum zehn Meter entfernt kreuzen, provozierend langsam auf dem Boden stolzierend, zwei im Verfärben begriffene Schneehühner unseren Weg. Aber dann, als wir, aus einer Senke kommend, den offenen Bereich linker Hand abglasen, glauben wir, nicht recht zu sehen. Kaum 250 Meter entfernt haben sich mehrere Karibus niedergetan und schütteln, ähnlich wie es Rot- und Damwild tut, wohl der kleinen Plagegeister wegen, ständig mit den Häuptern. Wie viele? Zählen kann ich sie nicht. »Lots of Caribous!«, flüstert Adahy.

Die Geweihe sehen aus wie blattlose abgestorbene Zweige eines vom Sturm gefällten Baums. Sicher sind gute Hirsche darunter, aber in der Mehrzahl scheinen es Alttiere mit Kälbern zu sein. Der Wind steht schlecht, und so beeilen wir uns, tief gebückt oder robbend, einen besseren Platz für einen eventuellen Schuss zu finden. Alle zehn Meter heben wir langsam und vorsichtig die Köpfe und werden immer optimistischer. Schließlich sind wir nur noch 200 Meter vom Rudel entfernt. Erst jetzt merke ich, dass ich durch frische Karibulosung gekrochen bin. »Bringt Glück«, flüstert Adahy und grinst. »Wer nach Karibuscheiße stinkt, riecht nicht nach Mensch!«

Großartig: Nur kurz aber eindeutig mache ich ein männliches Prachtexemplar mit beeindruckenden hohen Stangen aus. Ganz sicher alt. Entfernung: etwa 190 Meter. Jetzt erhebt sich das ganze Rudel und beginnt zu äsen. Woher kommt der Wind? Direkt von vorn. Alles gut.

»Willst du es versuchen?«, fragt Adahy.

»Noch nicht«, antworte ich. »Vielleicht kommen wir ja noch etwas näher heran.« Und schon kriechen wir, jede Deckung nutzend, weiter durchs hohe Gras. Adahy wie ein Indianer, ich eher wie ein altersschwacher Leguan.

Wo sind die Karibus? Sie tun uns den Gefallen und bleiben wo sie sind. Was macht der Hirsch? Ich bekomme ihn nicht ins Glas. Was für ein Durcheinander da vorn zwischen den Büschen. Nur noch 170 Meter. Jetzt heißt es warten. Und schon haben wir dieselben Probleme wie die Karibus, dürfen uns im Gegensatz zu ihnen jedoch nicht bewegen. Wozu nur sind die blutsaugenden Halunken gut?

Dann jedoch scheint Diana ein Einsehen zu haben: Urplötzlich steht der Galan fünf Meter rechts von seinem Harem neben einer Krüppelkiefer und äugt breit stehend in unsere Richtung. Und da ist es wieder, das Jagdfieber. Der Wind rauscht, mein Blut wallt, die Schilfhalme peitschen ... Irgendein kluger Mensch hat einmal gesagt: »Der beste Weg, Träume Wirklichkeit werden zu lassen, ist aufzuwachen.«

Ich reiße mich zusammen und bin plötzlich so was von wach, wacher geht es nicht. Die Waffe auf einem Baumstumpf im Anschlag, erfasse ich mit dem Zielstachel das Blatt des Hirsches und ziehe den Abzug. Klack. Das Projektil weigert sich, den Lauf der geliehenen Büchse zu verlassen! Ein Zündversager. Kann nicht wahr sein.

Ich lade, so leise wie möglich, eine neue Patrone, gehe abermals in Anschlag ... und schon dröhnt das Echo des Schusses durch die Stille. Dem Himmel sei Dank. Die .30-06 leistet ganze Arbeit. Bereits nach wenigen Gängen kippt das Karibu zur Seite, schlegelt kurz mit den Läufen und rührt sich nicht mehr.

Seit Tagen schon habe ich es im Kreuz. Ab sofort noch mehr, denn Adahy schlägt mir derart heftig auf die Schulter, dass ich regelrecht zu Boden gehe. Im Boxring würde ich jetzt angezählt. »You hit him, you hit him!«, jubelt er.

Noch heute sehe ich die langen, bereits verfegten Geweihspitzen des Hirsches aus dem Buschwerk ragen und spüre die knisternde Spannung in meinem Körper, die sich nur langsam legt. Mein zweites Barren-Ground-Karibu! Alt ist es, mindestens zehn Jahre, wie die abgeschliffenen Zähne und das zurückgesetzte Geweih belegen.

Adahy muss nicht weit laufen, um einen standesgemäßen Bruch zu finden. »Weißt du, Akki«, sagt er, »hier einen guten Hirsch zu erlegen, ist in aller Regel kein großes Problem. Nur wenige, sehr wenige Jäger fliegen ohne Trophäe heim. Die Erfolgsquote ist deshalb so hoch, weil alljährlich zirka 700000 Karibus aus dem Norden zu den besseren Weideplätzen im Süden ziehen.«

Auweia! Plötzlich beginnt es fürchterlich zu regnen. Ohne dass wir sie vorher bemerkt haben, ziehen tiefschwarze Wolken über uns hinweg, und ein Wolkenbruch folgt dem anderen. Es schüttet wie aus Kübeln. Der Blick zum Himmel macht deutlich: Keine Chance für die obligatorischen Fotos. Das wird nichts mehr heute. Nun denn. Es gibt Schlimmeres.

In Windeseile ziehen wir das Regenzeug über und machen uns sofort an die rote Arbeit. Gleich danach tragen wir das Haupt, die

Keulen, den Rücken und die Blätter ins Boot und tuckern bei nicht enden wollendem Platzregen über den kabbeligen Nueltin See zurück zur Lodge, wo wir freudig und mit herzlichem Waidmannsheil in Empfang genommen werden.

Weil jeder Gast, der eine Jagd auf Großwild, wie Karibu, Elch, oder Schwarzbär, gebucht hat, zusätzlich einen Timberwolf frei hat, versuche ich in den nächsten beiden Tagen zusammen mit Adahy, von der Lodge aus auf dem Festland pirschend, mein Glück auf diese Spezies.

Fantastisch, die Farbenpracht der Tundra. Die Natur zeigt sich in ihrer ganzen Schönheit. Rot, braun und gelb leuchten die Blätter der Laubbäume. Zusammen mit den gelblichbraunen Nadeln der Lärchen bilden sie im gleißenden Sonnenlicht eine Symbiose, die mich veranlasst, immer wieder Pausen einzulegen, um Fotos zu schießen. Trotz aller Begeisterung bin ich mir darüber im Klaren: Jeder Herbst, und sei er noch so schön, trägt das Schicksal der Vergänglichkeit in sich.

Vom nicht weit entfernten Nueltin Lake klingen die wehmütigen Rufe zweier Loons zu uns herüber, und ein Raufußhuhn, ein Spruce Grouse, um genau zu sein, ist derart vertrauensselig, dass es sich aus einer Entfernung von lediglich drei Metern ablichten lässt.

Oh mein Gott! Als wir uns gerade anschicken, die Pirsch fortzusetzen, sehen wir zeitgleich in einer Entfernung von etwa 300 Metern am Waldrand eine Bewegung. Ein Wolf! Ein Timberwolf! Weil wir mit unserer Tarnkleidung ruhig inmitten mehrerer Büsche an einem Hang sitzen, bleiben wir unerkannt. Immer wieder verschwindet der faszinierende Räuber zwischen den zwergwüchsigen Weiden auf der vergrasten Fläche, ohne auch nur eine Sekunde zu verhoffen.

Ich spüre, wie sich mein Herzschlag beschleunigt, wie die Anspannung steigt. Ein Timberwolf! Eine Begegnung, die unter die

Haut geht. Adahy ist cool wie immer. »Wir müssen bleiben, wo wir sind«, flüstert er. »Wenn wir versuchen, weiter an ihn heranzukommen, kriegt er uns mit. Garantiert.« Sicher hat er recht.

Das Einzige, was ich tun kann ist, mich fertigzumachen. Vorsichtig lege ich den Rucksack auf einen vom Sturm gefällten Baumstamm, fixiere die Büchse und hoffe auf ein Wunder. Hoffe, dass das Raubtier näherkommt. Als sich der starke, einheitlich graue Wolf, wahrscheinlich ein Rüde, nach längerer Abstinenz wieder blicken lässt, versuche ich, ihn ins Zielfernrohr zu bekommen. Aber es klappt nicht. Doch dann wird der Abstand zwischen dem Amerikanischen Grauwolf, wie er auch genannt wird, und uns zunehmend kleiner. Er kommt näher.

Als er etwa 250 Meter entfernt hinter einem Busch kurz verhofft, wie ich im Fernglas beobachte, muss ich handeln! Noch während ich den Lauf der Büchse im Zeitlupentempo, ohne einen Laut zu verursachen, auf ihn richte, zieht er in Windeseile hinter einen Busch und ... ist wie vom Erdboden verschluckt. Gut eine halbe Stunde sitzen wir da wie begossene Pudel und stieren in die Botanik. Leergefegt präsentiert sich uns die Bühne. Der »Geist« bleibt verschwunden. »Er hat uns mitgekriegt«, sagt Adahy. »Keine Ahnung warum.«

Schade. Wirklich schade! Zum Sprechen ist mir nicht zumute, dennoch bin ich dankbar für die fantastischen Augenblicke mit dem großartigen Geschöpf. Wenn der Trip zu Ende ist, werde ich mit der Gewissheit heimfliegen, dass das langgezogene, schaurige Geheul der Wölfe hier bis in alle Ewigkeit zu hören sein wird, und werde mir vorstellen, wie die klugen Räuber bei fahlem Mond oder flimmernder Aurora Borealis erhobenen Hauptes miteinander kommunizieren.

Aurora Borealis? Auch dieses Mal wieder bildet die »größte Laser-Lichtshow der Welt«, das sagenumwobene Nordlicht, den krönenden Abschluss meiner Reise. Mit weit aufgerissenen Augen stehe ich in der Dunkelheit vor der Hütte und bin begeistert vom Schauspiel, das mir soeben geboten wird. Zwar weiß ich, wie das Nordlicht zustande kommt, aber ich will mich einfach nur freuen, es sehen zu können. »Sich lieber an der Blüte einer Rose erfreuen, als ihre Wurzeln zu untersuchen ...« Habe ich irgendwo mal gelesen.

20 Minuten lang rasen die grünlich-gelben, orangefarbenen und purpurroten Lichtteppiche am Firmament durch die Nacht. Erst als das flammende, glühende Lichtermeer nach einem furiosen Schlussakt in der dunklen Unendlichkeit versinkt, lege ich mich ins Bett und versuche zu schlafen. Genauso erfolglos wie nach der Begegnung mit dem Timberwolf. In den Wipfeln der Fichten pfeift der Wind, und wieder einmal bin ich wunschlos glücklich.

Tage mit Neele

Neele sieht aus wie ihre Mutter, hat jedoch das Herz ihres Vaters. Der wiederum ist mein Sohn und hat die »Angeln-und-Jagen«-Gene von mir. Bereits im Alter von vier Jahren sitzt Neele während der Bockjagd neben mir auf dem Hochsitz und sprüht geradezu vor Passion. Alles will sie wissen. Flüsternd, damit uns das Wild ja nicht mitbekommt, fragt sie ohne Unterlass, was ihr gerade so im Kopf herumgeistert:

»Was sind das für große graue Vögel dahinten auf der Wiese? Wieso sind einige Rehe schwarz? Warum müssen Möwen immer so schreien? Wie heißt das kleine Tier, das vorhin im Wasser des Grabens an uns vorüberschwamm?« Und so weiter, und so weiter. Nicht normal für eine Vierjährige. Kein Murren, kein Knurren. Sie sitzt einfach nur da und guckt hellwach in die Welt.

Monate später: Ich nehme Neele mit zum »Rundgang«, wie ich es nenne. Wir wollen in Richards und Uwes Revier die Speicherkarten der Wildkameras wechseln und ein paar Leckerbissen verbuddeln. Urplötzlich überrascht sie mich mit der Aussage: »Schade Opa, dass gerade Schonzeit ist.« Muss ich wohl irgendwann mal so ganz nebenbei erwähnt haben. Soll heißen: »Wann nimmst du mich mal wieder mit zur Jagd? Zur richtigen Jagd!«

»Bei nächster Gelegenheit«, sage ich und freue mich wie ein Schneekönig über die kleine Maus.

Mitte Juli ist es soweit. Ich habe im Revier eines Freundes einen Bock frei, und er hat nichts dagegen, dass ich Neele mitnehme. Seit einer Stunde schon sitzen wir auf dem Erdsitz am Waldrand und hoffen auf interessanten Anblick. Unser Wunsch geht in Erfüllung: Was da urplötzlich mit gesenktem Haupt durch den Bestand zieht, ist ein suchender Bock, denn die Blattzeit hat begonnen. Ein mittelalter, schwach vereckter Sechser mit über Lauscher hohen Stangen. Genau der, den ich frei habe.

Schießen? Unmöglich. Völlig unberechenbar zieht der Bock 70 Meter entfernt zwischen den dicken Stämmen der Bäume hin und her. Mal ist nur das Haupt frei, mal nur die Keule. Schließlich ist er völlig verschwunden. Hat er sich davongemacht? Nein! »Da ist er wieder«, flüstert Neele und bewegt lediglich die Lippen. Jetzt passt es.

Ich mache mich fertig, sage Neele, sie soll sich die Ohren zuhalten, und als der Begehrte zwischen zwei Bäumen auftaucht und breit stehend verhofft, schieße ich. Innerlich jubelnd registriere ich, dass der Bock zeichnet und nach wenigen Metern umfällt wie ein Sandsack. Nur kurz noch erkenne ich zuckende Läufe.

»Wir haben ihn«, jubelt Neele. »Wir haben ihn!«

Zehn Minuten später machen wir uns auf den Weg, die Beute zu bergen. Dunkelroter Herzschweiß weist uns die letzten Meter seines Lebens. Das Projektil hat ganze Arbeit geleistet. Als ich den Bock aufbreche, schaut Neele interessiert zu. »Ist sicher ganz schön anstrengend, was, Opa?«, sagt sie. Und weiter: »Schmeckt bestimmt lecker, das Fleisch.« Dann lässt sie mich wissen: »Das Gehörn gehört natürlich mir!«

»Aber ja!«

Anfang November nehme ich Neele mit zur Raubwildjagd an der Kirrung. Kaum sitzen wir gegen Abend bei noch gutem Licht auf der 40 Meter entfernten Kanzel, beginnt Neele leise zu »schlickern« und zu trinken. Bonbons, Schokolade und Wasser. Dabei schmatzt sie wie ein Karpfen, der Entengrütze von der Wasseroberfläche schlürft ... Irgendwie erinnert sie mich an meine Großmutter. Wenn ich Omi früher in ihrer Wohnung abholte, um mit dem Wagen 20 Kilometer entfernt wohnende Verwandte zu besuchen, hatte sie gekochte Eier, Äpfel, Bananen, Bonbons, Saft und Tee in der Thermoskanne im Korb. Als würden wir von Ostfriesland nach Bayern reisen.

»Stell dir mal vor, wir haben eine Panne«, sagte sie. In der Tat. Dann wären wir vom Hungertod bedroht gewesen ... ach Omilein!

Ich kann mich kurzfassen: Im allerletzten Licht lässt sich ein starker Rotrock blicken, den ich ziemlich unspektakulär mit der Hornet erlege. Neele ist begeistert. »Unser erster Fuchs, Opa!«

»Wenn es mehr Füchse oder anderes Raubwild im Revier gibt als zum Beispiel Enten, Fasanen oder Hasen«, sage ich, »dann darf man ruhig auch mal einen Fuchs erlegen.«

»Ich weiß«, antwortet Neele. »Hat Papa mir auch schon alles erzählt.«

Mittlerweile ist meine Enkelin sechs Jahre alt, und wir laufen ein paar Gräben auf der Suche nach Enten ab. »Guck mal, Opa«, flüstert sie plötzlich. »Die Amsel da vorn kämpft gerade mit einem dicken Tauwurm.«

Sie sieht alles! Wohl drei Minuten dauert der Fight, dann ist er zerfetzt, der Wurm, und rührt sich nicht mehr. Sekunden später hat ihn die Amsel verschluckt.

Die Entenjagd an diesem Tag ist besonders spannend und von Erfolg gekrönt. Drei Mal schieße ich und erlege drei Erpel.

Angeln? Auch den Fischen stellt Neele mit Begeisterung nach. Schon nach kurzer Einweisung kommt sie mit der Rute gut zurecht und fängt eigenständig ihre ersten Barsche. Tage später sogar einen wunderschön gezeichneten Schuppenkarpfen mit einem Gewicht von immerhin vier Pfund.

»Den setzen wir zurück«, sagt Neele zu meiner Überraschung. »Der soll noch ein wenig wachsen.« Woher sie weiß, dass Karpfen wesentlich schwerer werden, ist mir unbekannt. Wahrscheinlich von Carsten.

Im Spätherbst sitzen Neele und ich bei gutem Mond auf der geschlossenen Kanzel und versuchen, bis Mitternacht einen Marderhund zu erlegen, der sich mehrmals von der Wildkamera ablichten ließ. Das jedoch klappt leider nicht. Enok versetzt uns.

»Macht nichts, Opa«, sagt Neele. »Wir haben doch noch die Fallen. Können ja morgen früh mal gucken, ob was drin ist.« Es ist was drin: ein Steinmarder.

Wann immer ich mit Neele in der Natur bin, buddelt sie ständig und überall mit Stöcken in der Erde herum und sucht nach Schätzen. Schließlich bettelt sie so lange, bis Carsten ihr einen Kinder-Metalldetektor kauft. Ideal zum Suchen auf den Wegen im Emder Stadtwald, wo sie tatsächlich verlorene Geldstücke findet. Kann aber auch sein, dass ich unbemerkt mal was fallen ließ ...

Neele, ich erwähnte es bereits, ist die Reinkarnation meines Sohnes, der im Alter von fünf Jahren sogar eine tote Ratte in der Hosentasche anschleppte. Er wollte, dass ich sie präparieren lasse. Eines Tages, Carsten war gerade sieben Jahre alt, grub er aus einem Erdhaufen in der Nähe unserer Wohnung einen großen Unterkiefer aus. Damit stiefelten er und ein Klassenkamerad zum Emder Rathaus und legten ihn dort dem Direktor des Museums vor. Vielleicht war es ja ein Dinosaurier-Kiefer? Knapp daneben. Er stammte von einem alten Ackergaul ...

Zurück zu Neele. Irgendwann im Alter von sieben Jahren sagt sie zu mir: »Opa, der liebe Gott muss ganz schön alt sein, wenn er das alles im Himmel und auf der Erde erschaffen hat. War sicher

’ne Menge Arbeit. Er muss unsterblich sein, sonst ginge das alles ja gar nicht.«

Zugegeben, es dauert eine Weile, bis ich eine einigermaßen plausible Antwort parat habe.

Mit acht Jahren wünscht sich Neele eine Glasvitrine mit Beleuchtung für ihr Zimmer. »Wofür denn das?«, fragt Simone, ihre Mutter.

»Für meine Federsammlung und die im Revier gefundenen Knochen. Und die Fuchs-, Dachs- und Hasenschädel sowie die Fuchshaken und Keilerwaffen von Opa.«

Den Schädel des in der Falle gefangenen Iltisses hat sie natürlich ebenfalls einkassiert. Auch die selbst gefundene Abwurfstange eines Rehbocks landet ohne Umwege in ihrem Schaukasten. Genau wie das von der Sonne perlweiß gebleichte Blatt eines verendeten Rehs, das wir während der Entenjagd finden.

Eines Tages zeigt ihr Simone das Foto eines von mir in der Betonrohrfalle gefangenen Fuchses. Auch die Waffe für den Fangschuss ist zu sehen. »Hat Opa dir die Pistole schon mal gezeigt?«, fragt Simone.

Antwort: »Mama, das ist ein Revolver!«

Als Neele neun Jahre alt ist, sind wir im Spätherbst unterwegs, um mit der Heckenschere mehrere Sitze und Leitern freizuschneiden. Während wir an einer Blänke vorbeikommen, entdeckt Neele auf dem Wasser eine augenscheinlich schwerverletzte Ente, die unartikuliert in Zeitlupe herumplanschend versucht, sich in Sicherheit zu bringen. Zum Glück habe ich, wie fast immer bei Revierarbeiten, die Flinte dabei und kann den Erpel erlösen.

Und nun? Die Ente treibt inmitten der Blänke auf dem Wasser. Was tun? Einen Hund haben wir heute nicht dabei. Schwimmen? Eine Option.

Aber Neele hat eine bessere Idee: »Opa, hol doch die Spinnrute aus dem Auto. Damit kriegen wir sie.«

»Jo.«

Ich gehe zum Wagen, montiere einen mittelschweren Blinker mit großem Drilling und stiefle zurück zur Blänke. Als ich werfen will, nimmt mir Neele die Angel aus der Hand und sagt: »Das war meine Idee.«

Recht hat sie. Okay, sie braucht mehrere Versuche, aber beim siebten Mal klappt es. Sie überwirft die Ente, zieht die Schnur ein, und bringt es tatsächlich fertig, den Erpel zu haken. Langsam und kontinuierlich zieht sie die Schnur ein, und wir haben ihn.

»Bravo Neelemaus«, sage ich. »Du bist 'ne wirklich tolle Jagdfreundin. Eigentlich müsstest du Diana heißen!« Neele lächelt ...

Auf der Rückfahrt nach Hause fahre ich statt der vorgeschriebenen 50 etwa 65 Kilometer in der Stunde.

»Opa, 50!«, sagt Neele. Da ist sie knallhart.

»Auweia«, antworte ich. »Das ist mir ja noch nie passiert.« Neele lächelt. Fünf Minuten später: »Opa, 50!« Okay. Befehl ist Befehl! 60 ist entschieden zu schnell!

200 Meter weiter darf ich nur 30 fahren und halte mich peinlich genau daran. »100!«, flüstert Neele plötzlich.

»Was meinst du?«, frage ich irritiert. »Hundert«, wiederholt sie. »Der war wirklich hundertprozentig toll heute, unser Jagdtag!« Ich muss lächeln ...

Bis zum heutigen Tag, an dem ich »Tage mit Neele« zu Papier bringe, haben wir zusammen bereits mehrere verschiedene Wildarten erlegt. Kein einziges Mal, wenn ich fragte, ob sie mitkommen möchte zum Angeln oder Jagen, hat sie Nein gesagt!

Das will ich natürlich nicht verschweigen: Auch die anderen Enkelkinder, Henri, Feline, Benjamin und Mayla, gehen voller Begeisterung mit Opa in die Natur. Würde ich all das, was wir dort zusammen erlebt haben, ebenfalls noch erzählen, der Stoff würde ein ganzes Buch füllen ...

Bei Eis und Schnee

Ende Januar. Mal schau'n, ob ich einen ranzenden Fuchs erwische. Genau einen Tag nach Vollmond bin ich gegen 20 Uhr bei bereits gutem Licht auf dem Weg zur geschlossenen Kanzel und freue mich: Der über Nacht gefallene Neuschnee schluckt alle Geräusche. Hier und da gleitet das strahlende Weiß von den Zweigen der Fichten und fällt mit kaum hörbarem Plumps auf den Boden. Der Teich, in dessen Nähe ich sitzen will, ist zugefroren. Die schneeweiße Oberfläche sieht aus wie eine Landkarte. Spuren und Fährten ohne Ende. Rehe, Hasen, Füchse ... Sie alle, und viele andere mehr, gaben hier ihr Stelldichein.

20.20 Uhr. Ich sitze. Entfernung zum Luderplatz: 30 Meter. Die Schrotflinte ist geladen. Kaum habe mich fertig gemacht, geht es auch schon los: Auf der Wiese vorm Waldrand kommen mir in einer Entfernung von 40 Metern zwei Füchse in Anblick. Vorneweg die Fähe, direkt dahinter der wesentlich größere Rüde. Schießen jedoch werde ich nicht – viel zu weit. Außerdem sind die Rotröcke unaufhörlich in Bewegung. Noch gut fünf Minuten beobachte ich das ranzende Hochzeitspaar, dann verschwindet es im feindlichen Revier in einer Dickung. Immerhin. Toller Anblick.

Ha! Urplötzlich steht, wie hingezaubert, kaum 25 Meter vor mir in unmittelbarer Nähe zum Luderplatz ein weiterer Fuchs. Siedend heiß durchfährt es mich. Ich spüre, wie ich langsam eine Gänsehaut bekomme, wie Puls und Blutdruck steigen. Unbeweglich sitze ich da und warte auf den Augenblick, das Gewehr in Anschlag bringen zu können. Sekunden später ist es soweit, und die dreieinhalb Millimeter dicken Schrote verlassen den Lauf. Im Feuer sehe ich den Roten im Schnee versinken ... Zwar bleibe ich bis Mitternacht sitzen, aber außer einer Ricke mit ihrem Kitz habe ich keinen weiteren Anblick. Ab nach Hause.

Zwei Tage später: Ich kann nicht anders – noch bevor es dunkel wird, stapfe ich zu einer anderen Erfolg versprechenden Kanzel und freue mich auf den bevorstehenden Ansitz am frisch beschickten Luderplatz. Es dauert noch, bis sich der Mond blicken lässt, aber die Bedingungen sind grandios. Auf der immer noch lückenlos weißen Schneedecke auf den Äckern und Wiesen kann ich mit dem Doppelglas jede Bewegung erkennen. Zwei Flugzeuge über mir malen kilometerlange weiße Striche in den dunkelblauen, fast schwarzen Nachthimmel. Als sie sich kreuzen, weiß ich, wohin sie fliegen: Hamburg und Amsterdam.

22.15 Uhr: 160 Meter links schlägt eine Ricke mit ihren beiden Kitzen nach Nahrung. 50 Meter rechts rücken zeitgleich zwei Hasen aus und beginnen ebenfalls im Schnee zu buddeln. Auf der 400 Meter entfernten Hauptstraße herrscht nur geringer Verkehr. Mehrmals folgen meine Augen den hellen Scheinwerfern der Autos, bis sie hinter einem von Laubbäumen bewachsenen Hügel verschwinden. Hoffentlich habe ich Glück, und Reineke lässt sich am Luder blicken.

Es wird kälter. Die Temperatur bei nunmehr sternenklarem Himmel liegt um den Gefrierpunkt. Der Luderplatz befindet sich zwar in Schrotschussentfernung, aber dennoch habe ich heute meine Bockbüchsflinte dabei. So bin ich, wenn sich eine Sau oder ein Fuchs auf weitere Entfernung blicken lässt, auch darauf vorbereitet.

Wieder verkrieche ich mich mit umgehängter Mauspfeife in den warmen Ansitzsack. Soweit, bis nur der Kopf noch rausschaut.

Apropos Luderplatz. Seit vielen Jahren schon besorge ich mir für jeden Luderplatz Pferdemist, den ich in großen Säcken mit einer Handkarre oder der Wildwanne ins Revier schaffe. Die Vorteile dieses »Grundmaterials« sind vielfältig: Fallwild von der Straße oder Fischabfälle und Innereien lassen sich mit einem Spaten leicht im Pferdemist verbergen, sodass Bussard, Rabenkrähe, Elster und Co. es aus der Luft erkennen können. Aufgrund der brüchigen Konsistenz von Pferdemist kommen Füchse, Waschbären, Enoks, Marder, gelegentlich sogar Dachse, auch bei Frost und Schnee problemlos an die Leckerbissen heran. Weil die Buddelei der Räuber immer etwas Zeit in Anspruch nimmt, kann ich sie in aller Ruhe anvisieren und erlegen.

Na bitte: Um 23.10 Uhr schnürt aus dem Fichtenaltholz der erste Rote auf die Freifläche. Entfernung etwa 80 Meter. Als ich mich gerade auf den Kugelschuss vorbereiten will, äugt Reineke zu mir herüber, sodass ich erstarre. Bloß nicht bewegen. Der Wind steht gut. Wittrung dürfte er nicht bekommen haben. Was ist das für ein Geräusch? Klar, irgendwo im Wald keckert ein zweiter Fuchs. Wohl eine Fähe. Die Ranz ist noch in vollem Gang.

Schon kommt Fuchs Nummer zwei angeschnürt, und als sich die beiden treffen, um sich zu bewinden, nutze ich die Gelegenheit und schicke das 7x65R-Teilmantelgeschoss auf die Reise. Wie vom Blitz getroffen, bricht der Beschossene gleichzeitig mit dem Mündungsknall zusammen und versinkt im Schnee. Unmittelbar darauf öffne ich die Kipplaufwaffe, kann mir jedoch mit dem Laden einer neuen Patrone Zeit lassen, denn längst ist der zweite Rotvoss hochflüchtig auf Nimmerwiedersehen im Wald verschwunden. Ich lasse den Erlegten, wo er ist, stelle die Waffe ab und verkrieche mich, hoch zufrieden über den Erfolg, wiederum im Ansitzsack.

Keine 30 Minuten später erkenne ich ziemlich weit vor mir auf dem Feld eine Bewegung: Fuchs Nummer drei! Er ist zügig unterwegs. Ich versuche, ihn heranzumäuseln. Und tatsächlich, Reineke reagiert auf die Locklaute. Wie an der Leine gezogen, schnürt er bis auf 70 Meter heran, bevor er urplötzlich stoppt. Weil er ziemlich spitz steht, warte ich mit dem Schuss. Die richtige Entscheidung, denn nachdem der Rote zehn Meter nähergekommen ist, präsentiert er mir die volle Breitseite. Auf den Büchsenknall hin dreht er sich drei Mal um die eigene Achse. Dann ist es vorbei. Nur kurz noch zittert die Lunte.

Mitternacht: Äh, wer oder was kratzt denn da? Äußerst langsam hebe ich das Fernglas an die Augen und sehe, wie sich ein Marder am Luderplatz zu schaffen macht. Ob es ein Stein- oder ein Baummarder ist, kann ich natürlich nicht erkennen. Auf jeden Fall scheint er Kohldampf zu haben. Ich ertaste das Gewehr und schiebe den Lauf zentimeterweise über die Brüstung … Und was ist jetzt los? Der Luderplatz ist leer. Enttäuscht stelle ich die Bockbüchsflinte wieder ab und schaue durchs Fernglas, aber das ändert auch nichts. Der kleine Räuber bleibt verschwunden.

Zehn Minuten später: Ein neuer Blick zur Kirrung lässt mich erstarren: Der Marder ist zurück! Wieder heißt es, äußerst vorsichtig zu Werk zu gehen. Den Räuber ständig im Blick, schiebe ich den Lauf des Gewehrs zum zweiten Mal in Position, und als Weißkehlchen kurz breitsteht, jetzt kann ich es durchs Zielfernrohr genau ansprechen, sind die drei Millimeter starken Schrote draußen. Welch Freude. Mausetot liegt der Rüde im Schnee, ist im Knall verendet. Zwei Füchse und ein Steinmarder. Ich wusste es: In dieser Nacht geht was.

Apropos Steinmarder. Erst gestern fragte ein Nachbar, wie er einen fast jede Nacht auf seinem Dachboden polternden Marder loswerden könne. »Drei Möglichkeiten«, antwortete ich: »Laute Musik, helles Licht und eine offene Dose mit altem Dieselöl! Und wenn er schließlich weg ist, die Zugänge suchen und abdichten.« Es klappte!

Kaum habe ich mich wieder im Ansitzsack eingemummelt, höre ich in der Ferne ein weiteres Mal das heisere »Kau-kau-kau« eines liebeshungrigen Fuchses. Zwar kommt er mir schließlich sogar in Anblick, heranmäuseln lässt er sich jedoch nicht. Ehe ich mich versehe, verschwindet er in Richtung Dorf. Ist wohl anderweitig verabredet ...

Sauen! Deutlich höre ich, wie im Bestand hinter mir eine Rotte durchs Unterholz zieht. Den Gefallen, auf die Freifläche zu treten, tun sie mir jedoch nicht. Wenige Minuten später ist der Spuk vorbei.

Beim nächsten Abglasen mache ich vier Rehe und zwei Langohren aus. Deutlich, wie Scherenschnitte, heben sie sich vom weißen Schnee ab. Das letzte Stück Wild allerdings, das ich in dieser denkwürdigen Nacht sehe, ist wiederum ein Fuchs. Schnurstracks schnürt er aus dem Nachbarrevier kommend 180 Meter rechts von mir in den Wald. Sicher hat er mein Mäuseln gehört, ignoriert es jedoch. Schlaumeier! Dumme Füchse gibt es nicht. Das war's. Ich lasse es gut sein.

Nur mühsam erhebe ich mich. Infolge des langen Sitzens kann ich mich kaum bewegen. Steif sind alle Glieder. Egal. Nach dem Abbaumen berge ich die Füchse, einen Rüden und eine Fähe, sowie den kapitalen Marder, und stapfe mit der wundervollen Beute durch die eindrucksvolle Winterlandschaft zurück zum Auto. Unzählige Sterne geben mir das Geleit. Und weil es mittlerweile ziemlich heftig zu frieren beginnt, knirscht der Schnee unter meinen Stiefeln. Soll er doch.

Als ich am nächsten Tag auf dem Weg zum Luderplatz an der Stelle vorbeikomme, an der der Rüde verendete, bin ich irritiert. Die Fährte führt weiter! Eine Fähe hat wohl nach ihm gesucht – vielleicht dem Vater der Welpen, die sie im April wölfen wird.

Mit Frettchen und Vorstehhund

Ich stehe bei Wilhelm vor der Tür, um ihn zur Jagd abzuholen. Mit zwei weiteren Flintenschützen, einem Deutsch Kurzhaar und einem erfahrenen Frettchen wollen wir den Karnickeln auf den Balg rücken. Nach dem Klingeln bittet mich seine Frau, kurz reinzukommen. »Wilhelm ist noch nicht ganz fertig.«

Als ich sitze, schenkt sie mir Tee ein und beginnt zu erzählen. Erst ganz langsam, dann so flott, dass ich kaum so schnell denken kann, wie sie spricht. In 15 Minuten erzählt sie mir ihren kompletten Lebenslauf. Außerdem die Geschichte von den Nachbarn, die sich scheiden lassen wollen, und von ihrer Katze, die überfahren wurde. Zwischendurch fragt sie immer wieder: »Möchten Sie noch ein Kekschen? Nehmen Sie doch noch eins.«

Weiter geht's: die kritische Phase in ihrer Pubertät, die politische Lage in den USA, das Zucken in ihren Augenlidern und vieles andere mehr. Während der kurzen Redepausen schenkt sie mir Tee nach und ich muss Kekse essen. »Greifen Sie doch zu!«

Endlich, und Gott sei Dank, kommt Wilhelm. Erst jetzt bemerke ich sein kalkweißes, von unzähligen Falten gezeichnetes Gesicht. »Tschüss Wilhelm«, sagt seine Frau zum Abschied. »Erkälte dich nicht.«

»Komm«, flüstert Wilhelm. »Wir hau'n ab!«

Frettieren auf Kaninchen? Eine großartige Jagd, auf die ich mich alljährlich freue. Heute, im Spätherbst, wollen wir in einem küstennahen Revier in Ostfriesland unser Glück versuchen. Die 20 Baue in der dünenartigen Landschaft versprechen gute Beute. Der Karnickelbestand, der aufgrund der Chinaseuche vor Jahren stark geschrumpft war, hat sich mittlerweile erholt und erlaubt eine angemessene Bejagung.

Nachdem der mitgeführte Deutsch Kurzhaar einen Bau inspiziert und für befahren erklärt hat, lässt der Frettiermeister seinen domestizierten, mit einem speziellen Glöckchen ausgestatteten Iltis einschliefen, und die Schützen gehen mit ihren Flinten in Voranschlag. Das Geläut am Hals des Marderartigen soll den Kaninchen den nahenden Feind ankündigen und sie zur Flucht veranlassen. Hochkonzentriert warten wir darauf, dass ein grauer Blitz aus der Röhre schießt.

Nach kurzer Wartezeit geht's los: Völlig unvermittelt fliegt ein gesprengtes Karnickel Haken schlagend über das trockene Gras. Kommt jedoch nicht weit. Der reflexartig hingeworfene Schuss des Hundeführers lässt es rollieren, und der Kurzhaar bringt es seinem Herrn. Erst Minuten später kommt das Frettchen aus dem Bau und wird an der nächsten Röhre angesetzt.

Diesmal bin ich der Glückliche. Weil das Kaninchen nur wenige Meter an mir vorbeiflitzt, warte ich, bis es etwa 20 Meter entfernt ist. Erst dann schieße ich. Die Wolle fliegt! Voll im Schrothagel erwischt, überschlägt sich der Rammler und liegt. Während ich nach der abgeschossenen Patronenhülse im Gras suche, erscheint ein weiteres Karnickel auf der Bildfläche und verendet im tödlichen Hagel aus Wilhelms Flinte. Wieder dringt das Klingeln des Glöckchens aus dem Bau. Mal lauter, mal leiser. Aber es passiert nichts. Schließlich hören wir gar nichts mehr. Ob das Frettchen ein Schläfchen hält?

Doch gleich darauf geht alles rasend schnell, wie so oft beim Frettieren. Aus zwei verschiedenen Bauen schießen zeitgleich zwei Kaninchen wie geölte Blitze ins Freie. Die dort anstehenden Waidmänner sind derart überrumpelt, dass sie vorbeischießen. Kann passieren. Schon kurze Zeit später erscheint das Frettchen am Eingang einer der Röhren und lässt sich aufnehmen. Hier steckt kein Wild mehr.

Unmittelbar nachdem der zahme Iltis den nächsten Bau angenommen hat, gibt der Frettiermeister ein Handzeichen: Achtung! Kaum ist er fünf Schritte zurückgegangen, fliegt ein Karnickel in hohem Bogen aus dem Bau. Schuss. Treffer. Liegt. Zugabe: Wieselflink verlässt der nächste Lapuz die Röhre. Pechschwarz ist er. Schwarz wie ein Maulwurf. Fast hätte er es in die Binsen geschafft. Aber in einer Entfernung von 25 Metern bereiten meine Schrote seinem Leben ein abruptes Ende.

Was für eine Jagd. An fast jedem Bau, in den das Frettchen einschlieft, sind wir erfolgreich. Ich spüre die salzhaltige Luft auf meinen Lippen, und über uns schreien sich mehrere Möwen die Seele aus dem Leib. Der Wind nimmt zu! Mein Ostfriesland. Hier bin ich geboren, hier will ich sterben.

Ein weiteres Kaninchen erhält zwar eindeutig die Schrote, schafft es jedoch zurück in einen der Baue. Wir schauen hinein, sehen und fühlen allerdings nichts. Jetzt kommt der Kurzhaar zum Einsatz. Er windet kurz und beginnt augenblicklich aus Leibeskräften zu buddeln. Unaufhörlich wackelt seine Stummelrute. Erdklumpen, Sand und Grasfetzen fliegen durch die Luft. Schließlich ist er fast gänzlich in der frisch geschaffenen Erdhöhle verschwunden. Ja bravo. Sekunden später jiffelt er kurz und kommt gleich darauf mit dem verendeten Kaninchen im Fang rückwärts aus dem Bau. »Brav apport!« Dass uns der Hund nach dem Ausgeben der Beute den Sand an seinem Körper um die Ohren haut, ignorieren wir großzügig.

Weil es daraufhin leicht zu regnen beginnt, der Wind stark zunimmt, und das Frettchen keine rechte Lust mehr zu haben scheint, beenden wir die Jagd und beschließen, unser Glück in den nächsten Tagen noch einmal zu versuchen. Immerhin: Elf Kaninchen haben wir erbeutet.

Weit entfernt scheint ein Gewitter zu toben. Die Blitze werden von den Wolken regelrecht reflektiert. Wetterleuchten. Ein Donnern ist nicht zu hören. Glück gehabt. Das Unwetter zieht vorüber.

Ich hab's gewusst: Auf dem Rückweg zum Wagen klagt mir Wilhelm sein Leid: »Weißt du was Akki, da hat man sein ganzes Leben lang hart gearbeitet, damit im Alter das Haus bezahlt ist, es den Kindern und Enkelkindern gut geht, und dann, wenn man eigentlich wunschlos glücklich sein müsste, wenn man das Leben in vollen Zügen genießen könnte, stellt man fest, dass sich die Frau zu einer Querulantin entwickelt hat. Bei jeder Gelegenheit sucht sie Streit und ist nur noch am klagen und pöbeln. Irgendetwas passt ihr immer nicht. Sie ist ständig und aus Prinzip anderer Meinung wie ich. Ja sagen kennt sie nicht mehr, Diplomatie ist ein Fremdwort. Einfach mal die Klappe halten? Wunschdenken! Ich glaube, das letzte Mal, dass sie Ja sagte, war, als ich sie fragte, ob sie mich heiraten will. Es ist wirklich ein Kreuz. Aber erzähl es nicht weiter.«

»Ganz sicher nicht«, antworte ich. Ich habe Wort gehalten. Habe alles lediglich schriftlich formuliert und den Namen des Unglücklichen geändert. Kann ja nicht jeder so viel Glück haben wie ich mit Erika.

Eine Woche später: Wieder ziehen wir zu viert los. Sorry, natürlich plus Hund und Frettchen. Große schwarze Wolken zeichnen dunkle, schwebende Schatten auf die Landschaft, und es bleibt trocken. Hell glitzert die Sonne im Schilf am Graben, und der Wind spielt sein unnachahmliches Lied. Gutes Wetter für die Kaninchenjagd.

Abermals sind wir vom Zusammenspiel des Kurzhaars mit dem Frettchen begeistert. Der Hund zeigt seinem Herrn an, dass der Bau befahren ist. Dann kommt das Frett mit der Glocke am Hals zum Einsatz, jagt die Lapuze aus dem Bau. Davor stehen die Waidmänner mit ihren Flinten. Ist ein Karnickel erlegt, wird es vom Kurzhaar apportiert. Alles wie gehabt. Auch heute sind wir wieder ausgesprochen erfolgreich. Innerhalb der nächsten drei Stunden erlegen wir 14 Kaninchen. Drei davon sind schwarz. Nachdem das Frettchen zu guter Letzt fast eine Stunde unter Tage bleibt, bevor es den Bau verlässt und aufgenommen werden kann, machen wir Schluss.

Am nächsten Tag: Auweia – mit Geschwindigkeiten von über 100 Stundenkilometern brausen Orkanböen übers Land und richten große Schäden an. Auch die sogenannte Pornokanzel in Uwes Revier wird stark in Mitleidenschaft gezogen, wird regelrecht durch die Gegend geschleudert. Warum sie Pornokanzel heißt? Immer wieder wird sie von verschiedenen Liebespaaren mangels gemeinsamer Wohnung zum Zwecke der Zweisamkeit genutzt …

Eigentlich wollte ich mich an besagtem Sturmtag gegen Abend mit der Kamera genau dort ansetzen, um Rehwild zu fotografieren, aber dann habe ich es doch gelassen. Erika meinte, es wäre zu gefährlich. Nun denn. Uwe allerdings traut mir nicht über den Weg: »Orkan?«, sagt er: »War das wirklich der Orkan, der die Kanzel umgeworfen hat, oder warst du doch da und hast weiblichen Besuch gehabt?«

»Lieber Uwe«, antworte ich. »Es ist ja schön, dass du mich mit einem Orkan vergleichst, aber du überschätzt mich. Es ist mittlerweile Jahrzehnte her, dass ich einen Hochsitz zum Schwanken brachte!«

Uwe lacht, und ich schließe mich ihm an. Und ja, natürlich haben wir die Kanzel repariert und wieder aufgestellt. Für uns zum Ansitzen. Falls das liebeshungrige Volk sie gelegentlich auch wieder nutzt – sei's drum. Man ist ja kein Unmensch.

Fast hätte ich es vergessen: Bevor wir die Kanzel reparierten, hatte ich an besagter Stelle eine alte, aufklappbare Maler-Holzleiter aus dem Sperrmüll provisorisch aufgestellt. Ich legte die Hornet auf die Ablage, machte mich mit dem Sitzstock dahinter »unsichtbar«, und erlegte schon bald mit der Vollmantelpatrone eine wunderschön gezeichnete Nilgans, die ich für mein Jagdzimmer präparieren ließ.

Rolf Kröger von der Redaktion »Wild und Hund« war ein absoluter Baujagd-Spezialist. Im Laufe der Jahrzehnte sprengte er mehr als 2000 Rotröcke.

»Dünenkeiler« nennen wir sie, die pechschwarzen Karnickel an Ostfrieslands Küste. Sogar weiße Lapuze kommen vor. Sie allerdings werden nicht erlegt.

So ein Schlaumeier. Bewegungslos verharrt er hinter dem Busch, jederzeit bereit, sich klammheimlich zu verdrücken. Sicher hat er schlechte Erfahrungen gemacht ...

Gut getarnt in Ungarn. Was ich noch nicht weiß: Heute werde ich erfolgreich sein und einen braven, zugleich sehr interessanten Bock erlegen.

Die Wildkamera entlarvte ihn. Zwei Tage später erwischte ich den Steinmarder bei gutem Mond am 25 Meter entfernten Luderplatz.

Kaum zehn Meter entfernt schwimmt dieser Luchs in Alaska von einem Ufer zum anderen. Eine absolute Seltenheit, die wasserscheue Wildkatze so erleben zu dürfen.

»Bow Hunting« in Neufundland. Der Pfeil mit der rasiermesserscharfen Spitze ließ den Schwarzbären innerhalb weniger Sekunden verenden.

Fertig für den Transport, der Flieger wartet schon. In Manitoba ein Karibu zu erlegen, ist ein Abenteuer der besonderen Art.

Neele hat auf dem Wasser einen verendeten Stockerpel entdeckt. Kurzerhand holt sie die Spinnrute aus dem Auto und zieht ihn an Land … Vater Carsten ist begeistert!

Richard, Uwe und Uwes Kurzhaarhündin Aida nach einem »bewaffneten Spaziergang« auf Hasen. Synonyme für eine außergewöhnliche Freundschaft.

Aufbruch zu einer Niederwildjagd in Ostfriesland. Die Vorfreude ist groß, denn erlegt werden darf alles, was frei ist.

Gute Schützen und hervorragend ausgebildete Hunde … Garanten für eine Jagd, die Jägerherzen höherschlagen lassen.

Partner – »Akki« und Drahthaar Hatz. Kommentar meiner Ehefrau Erika: »Wenn man euch so zuschaut, weiß man sofort, was Liebe ist.«

»Hasensilvester« in Ostfriesland! Eindrucksvoll und spannend war sie, die Streife Ende Dezember. Danach hieß es »Hahn in Ruh.«

Durch dick und dünn

Als ich mal wieder zu Hause vorm flackernden, unaufhörlich knackenden Kaminfeuer sitze und in aller Seelenruhe bei vier Tassen Tee mit Kluntjes und Sahne sowie Erikas selbstgebackenen »Weltmeister-Keksen« meine Schussbücher durchblättere, freue ich mich über die umfangreichen Notizen, die ich gemacht habe. Auch die folgende Treibjagd auf Niederwild in Ostfriesland kann ich bis ins letzte Detail nachvollziehen:

Das Telefon klingelt. Mein Freund Johann Meyer senior aus Wiesmoor! Er lädt mich zu seiner Treibjagd ein. Welch Freude. Auch mein Drahthaar Hatz ist begeistert, als ich ihm am Abend vor der Jagd erzähle, dass wir am nächsten Morgen dem Wild nachstellen werden. Ich bin sicher, er versteht alles, was ich sage. Mehrmals bewegt er den Kopf von links nach rechts und wackelt unaufhörlich mit der Stummelrute. Das Leuchten seiner braunen Augen spricht Bände. Einziges Handicap: Er kann nicht sprechen.

Um zehn Uhr treffen wir uns am Sammelplatz. 14 Jäger sind wir. Acht führen Hunde: vier Deutsch Drahthaar, ein Deutsch Kurzhaar, zwei Kleine und ein Großer Münsterländer. Nach der Begrüßung stehen wir noch eine Weile zusammen und reden über Gott und die Welt. »Klönsnack«, so heißt das in Ostfriesland, muss sein. Im Schilf summt der schwache Wind ein Schlaflied, aber wir sind hellwach.

Kurze Ansprache von Johann: »Bis auf Rehwild ist alles frei, was geschossen werden darf. Hasen, Kaninchen, Fasanen, Enten, Gänse, Tauben, Füchse et cetera.«

All das geht völlig unkompliziert vor sich. Die »Fußkranken« und die ohne Hund stellen sich an, die Jüngeren müssen laufen: durch dick und dünn, über Stacheldrahtzäune steigen und Gräben überspringen. Während des weiträumigen Abstellens vor einer großen, mit schnurgeraden Schloten versehenen Wiese steht allen die Vorfreude ins Gesicht geschrieben. Auch Hatz ist die unbändige Passion anzusehen. Er zittert am ganzen Körper, kann es kaum erwarten, geschnallt zu werden.

Als sich die Vorsteh- und Flankenschützen ebenfalls postiert haben, geht es los. Johann hebt den Arm, und alle Jäger tun es ihm gleich. Wie eine La-Ola-Welle im Fußballstadion. Die Hunde werden geschnallt, und die Jäger setzen sich in Bewegung. »Has, Has, Has, Has, Has, Has!«

Nanu? An der Front des Treibens fallen bereits wenige Sekunden später kurz hintereinander zwei Schüsse. Ein Schoof Stockenten ist aus dem Graben aufgestiegen und steigend direkt über den Flankenschützen hinweggeflogen, sodass ihm eine pieksaubere Dublette gelang. Achtung! Etwa 20 Meter vor mir steht Hatz an einem Schilfgürtel vor. Wie ausgestopft, den linken Lauf angehoben. Als ich mich meinem Hund bis auf zehn Meter genähert habe, gebe ich das Kommando: »Voooran, Hatz!«

Hase! Schon habe ich die Flinte angebackt, fahre mit ... und über 200 Schrotkugeln fliegen wirkungslos durch die Luft. Mit dem zweiten Schuss allerdings treffe ich. Meister Lampe quittiert die Schrotgarbe mit einem dreifachen Salto. Mit stolz erhobenem Haupt bringt mir Hatz die Beute. »Sitz!« muss ich nicht sagen. Das macht er seit frühester Jugend von allein. Immer wieder bin ich begeistert vom Feuer in seinen Augen. Jagd ist seine Welt.

Auch die Nachbarn links und rechts von mir kommen zu Schuss. Allerdings mit »fortlaufendem« Erfolg. Hochflüchtig und gesund stehlen sich die zwei gefehlten Mümmelmänner aus dem Treiben.

30 Meter links neben mir geht Werner. Ein Landwirt vom Nachbardorf. Er hat ein Kampfgewicht von weit über 100 Kilo. Aufgebrochen, versteht sich. Ein Bär von einem Mann. Seine dunkelbraune Grobcord-Samthose hat er gleich doppelt gesichert: mit Gürtel und Hosenträger. Dennoch rutscht sie beträchtlich. Ein Schauspiel! Auch mit dem Stiefelanziehen, das habe ich vor Jagdbeginn gesehen, hat er so seine Schwierigkeiten. Blindschnüren ist angesagt, denn er kann die Läufe unter seinem Vorbau nur mehr erahnen.

Schließlich erreichen wir den etwa 50 mal 100 Meter großen Teich unweit der Reviergrenze. Er ist von einem breiten Schilfgürtel umgeben. Und, wie erwartet, ertönt bereits nach wenigen Sekunden jubelndes Hundegeläut. Unaufhörlich gibt einer der vierläufigen Helfer Laut. »Fuchs, Fuchs!«, ruft jemand, und schon fallen zwei Schüsse. Zwar kann ich nichts erkennen, weil ich mich auf der gegenüberliegenden Seite des Geschehens befinde, aber mit Freude vernehme ich ein lautes »Liiiiiegt!« Wieder einmal hat der Dauer-Jagdkönig unter Beweis gestellt, was für ein hervorragender Schütze er ist.

Dann braust ein plötzlich aufgekommener Wind nur so übers Land, und die Wolken ziehen in atemberaubendem Tempo dahin. Na und? Selbst gelegentlich folgende Regenschauer schaffen es nicht, die gute Stimmung unter den Waidmännern zu schmälern. »Schlechtes Wetter gibt es nicht, nur ungeeignete Kleidung«, nuschelt sich mein Nachbar in den Fünftagebart.

Wo ist mein Hund? Kurz darauf weiß ich es. Er hat etwas in der Nase. »Voooran, Hatz!« Schon erheben sich klappernd und polternd mit angstvoll entrüstetem Gegacker zwei rostrote Hähne und suchen ihr Heil in der Flucht. Gleich nachdem einer seinen Kot in einen Busch fallen gelassen hat, erfassen ihn meine Schrote. Wie vom Blitz getroffen, fällt er zu Boden. Der zweite Hahn bleibt unbeschossen. Kurz darauf steht etwa zehn Meter vor mir ein Hase auf. Weil er nach dem Schuss rolliert, erübrigt es sich, ein zweites Mal zu schießen ... Denkste! Völlig unvermittelt kommt Mümmelmann wieder auf die Läufe und verschwindet im Schilf. Kein Problem für Hatz. 30 Sekunden später gibt er mir die Beute aus. »Bravo, Hatz!« Unaufhörlich wedelt der Hund mit der Rute.

»Achtung Rehwild!«, rufe ich, als mir eine Ricke mit Kitz in Anblick kommt. Augenblicklich trillert es aus mehreren Pfeifen: »Down!« Keiner der Hunde hetzt, und in hohen Sprüngen verschwindet die kleine Familie im Röhricht. Das erste Treiben ist beendet. Johann strahlt: Zwei Hasen, zwei Enten, ein Fuchs und ein Fasan liegen bereits auf der Strecke.

Weiter geht's. In der Wildnis vor einem kleinen Wäldchen pflückt einer der vorstehenden Waidmänner zwei Hähne sowie eine Schnepfe aus der Luft. Großartig! Bevor das zweite Treiben durch wiederum wildes Gelände mit Gräben, Schilf und Büschen beginnt, ist Mittagessen angesagt. Am Sammelplatz stehen Tee und belegte Brötchen bereit. Alkohol gibt es erst beim Schüsseltreiben.

»Was haben wir doch für ein Glück«, sagt einer der Mitjäger: »Wir sind nicht von Asphaltgerüchen umgeben, sondern von gesunder salzhaltiger Meeresluft in intakter Natur. Und Mineralwasser in Flaschen müssen wir auch nicht kaufen. Das aus der Leitung ist genauso gut.« So ist es!

Gestärkt an Leib und Seele erreichen wir schon bald den Erfolg versprechenden Bereich. Feucht und schwer ist die Erde. Immer wieder bleibt der fette Lehmboden an den Stiefeln kleben. Als sich Hatz vor mir einem Graben nähert, sehe ich, dass er etwas in der Nase hat. Schon steht er mit angewinkeltem Vorderlauf, nach vorn gerecktem Kopf und steif nach hinten ragendem Endstück vor. Wie eine Statue. Ein Bild wie gemalt.

Bis auf 15 Meter schließe ich zu ihm auf und gehe in Voranschlag. Geschmeidig wie ein Panther bewegt sich mein Hund vorwärts. Als er den Rand des Schlots erreicht, steigt laut paakend ein Schoof Stockenten auf. Sechs Stück. Erst, als die Vögel zirka 25 Meter entfernt sind, schieße ich zweimal und ... kann mich freuen. Eine der Stockis haucht bereits in der Luft ihr Leben aus. Den zweiten Erpel, der nach dem Aufklatschen auf der Erde noch mit den Flügeln schlägt, schnappt sich Hatz als Ersten und bringt ihn mir. Aus Erfahrung weiß er, dass tote Enten nicht weglaufen oder wegfliegen können. Also kümmert er sich zunächst um die noch zappelnde, danach um die bereits leblose Beute.

Hatz bringt mir allerdings nicht nur das Wild, das ich erlegt habe, sondern ebenfalls einen Fasan und zwei Hasen der Nachbarn. Die Stinkstiefel grinsen bis zu den Ohrläppchen und freuen sich, dass ich gut zu tragen habe. »Bravo Akki! Brav apport, Hatz!«

Etwa 40 Meter links neben mir macht einer der Kleinen Münsterländer einen Fasan hoch. »Hahn, Hahn«, rufe ich, und gleich darauf ertönt das harte »Gock, Gock, Gock«. Kaum hat der farbenprächtige Vogel an Höhe gewonnen, bricht der Schrotschuss des Nachbarn. Federn wirbeln durch die Luft, und getroffen fällt der Hahn mitten in einen riesigen Brombeerbusch. Es dauert nicht lange, bis ihn der Münsterländer findet und seinem Herrn bringt. Ein schönes Bild, wie der seinen vierbeinigen Freund abliebelt.

Der Hund jedoch hat keine Zeit für solche Albernheiten, will weiterjagen. Schon Sekunden später steht er abermals vor. Als ein Mümmelmann förmlich aus der Sasse schießt, flüchtet er Haken schlagend genau in Richtung der abgestellten Jäger. Zwei Schüsse gehen vorbei, der dritte trifft. Sichtlich stolz nimmt der Münsterländer den Hasen in den Fang und trägt ihn zum rufenden Schützen. Bereitwillig gibt er die schwere Last aus. »Er ist unglaublich passioniert«, ruft mir sein Besitzer zu. »Geht mit jedem mit, der ein Gewehr trägt.«

Auch Hermanns Kurzhaarhündin ist in Hochform. Konzentriert bis in die Haarspitzen arbeitet sie maximal 25 Meter vor ihm mit tiefer Nase systematisch den Bereich ab, steht plötzlich vor und stößt nach Hermanns Kommando einen Hahn aus der Hecke. Bumm, bumm! Der erste Schuss kostet den Hahn eine Stoßfeder, der zweite das Leben.

»Wem gehört der Fernaufklärer dahinten«, ruft mein Nachbar und meint damit einen Großen Münsterländer, der fernab von jedem Schützen einen großen Bereich absucht.

»Keine Ahnung«, antworte ich, wohl wissend, dass es sich um einen jungen Hund mit einem ebenfalls sehr jungen Führer handelt. Es ist seine erste Treibjagd. Im nächsten Jahr wird es besser klappen.

Als Hatz wenige Minuten später wiederum vor mir einen Hasen hochmacht, schieße ich nicht, sondern überlasse ihn dem Nachbarschützen, der an diesem Tag noch nichts erlegt hat. »Domm, domm«, bellt es kurz hintereinander aus den Rohren seiner Bockdoppelflinte. Mümmelmann jedoch fliegt förmlich, ohne zu zeichnen, in wilder Flucht davon. So, als hätte der junge Mann mit Mottenkugeln auf ihn geschossen. »Du hest vörbieschoten«, höre ich einen der Waidmänner sagen.

Verdutzt schauen wir dem Langohr nach, sehen jedoch zu unserer Freude, dass er nach etwa 40 Metern schlagartig umfällt. »Ja bravo!«, rufe ich: »Waidmannsheil!«

»Waidmannsdank!«

Am späten Nachmittag haben wir 13 Hasen, ein Karnickel, sieben Fasanen, eine Schnepfe, sechs Enten, drei Ringeltauben sowie einen Fuchs erlegt. Bunter geht es kaum. Gern komme ich der Bitte eines Mitjägers nach, einen geflügelten Fasan nachzusuchen. Das heißt, nicht ich suche, sondern Hatz. »Such verlooorn, mein Hund!«

Am Anschuss nimmt Hatz die Nase runter und folgt zielstrebig der Spur. Nach zirka 60 Metern überspringt er einen Graben und entschwindet unseren Blicken. Keine fünf Minuten später kommt er mit dem Hahn im Fang zurück und gibt ihn aus. Ich hätte ihn knutschen können. Das jedoch hebe ich mir für später auf. Nicht vor den Leuten!

Nun haben wir acht Fasanen. Viel zu schnell ist die erlebnisreiche Jagd vorbei. Aber das Gesamtergebnis kann sich mehr als sehen lassen. Am Sammelplatz, an dem bereits ein Strohfeuer brennt, erhalten die Hunde frisches Wasser. Weit sprühen die Funken des brennenden Strohballens in die Landschaft, wo sie schließlich verglühen. Feierlich erklingen die entsprechenden, von lautem Hundegebell begleiteten Signale. Es läuft mir kalt den Rücken herunter. Die Bläser verstehen ihr Handwerk. Besser gesagt ihr Mundwerk. Unaufhörlich streichle ich meinen Hund, hätte ihn gern mitheulen hören, aber den Gefallen tat er mir nie.

Völlig unvermittelt beginnt es wiederum kräftig zu stürmen. Kommt vor in Ostfriesland. Und schon summe ich den wundervollen Song von Dirk Busch »Liebst du auch den rauen Wind?«: »Liebst du auch den rauen Wind, wenn er schön von vorn bläst? Magst du die Menschen, die hier sind, so ehrlich und echt, so rau wie der Wind. Liebst du auch den rauen Wind, der das Meer nach vorn treibt, der die Bäume zerzaust, durch Kornfelder braust seit ewiger Zeit? Liebst du auch den rauen Wind?«

Ja, auch ich liebe ihn, den rauen Wind! Ich mag es, den davonjagenden Wolken nachzuschauen, erfreue mich an den ostwärts geneigten Bäumen und bin begeistert von grellen Blitzen und tosendem Donner. Ich weiß, ich wiederhole mich. Ist nun mal so bei alten Leuten ...

Schließlich geht's in die Gaststätte zum Schüsseltreiben. Dort wird bis in die Nacht hinein gegessen, getrunken, geknobelt und geklönt. Mehrmals muss ich mir die Ohren zuhalten: Einer meiner Nachbarn ist schwerhörig und brüllt wie ein Stier auf der Weide ... Auch Hatz unter meinem Stuhl macht sich von Zeit zu Zeit bemerkbar, berührt mit seiner feuchten Nase meine Hand. Das heißt wohl: »Toller Tag, heute. Hat richtig Spaß gemacht!«

Winterjagd – ganz reizend

Seit Jahrzehnten schon ist Klaus Demmel den Waidmännern in Deutschland als einer der erfolgreichsten Lockjagdexperten ein Begriff. Ich kaufe gleich fünf verschiedene der von ihm und seiner Familie selbst hergestellten Rottumtaler Locker und schaue mir seine DVD »Winter-Reizjagd auf Füchse« an.

Grandios, wie er in der kalten Jahreszeit mit Hasenklage, Ranzbeller und Co. den Füchsen sowie anderem Raubwild nachstellt. Ein Film, der nicht nur jagdliche Unterhaltung, sondern vor allem wertvolle Tipps für die Praxis bietet. Selbst Unerfahrene werden schnell verstehen, worauf es bei dieser spannenden Art zu jagen ankommt. Klaus habe ich während meiner Zeit im »Paul Parey Zeitschriftenverlag« in Singhofen sowie auf der Messe »Jagd & Hund« in Dortmund kennen und schätzen gelernt. Er zeigt eindrucksvoll und verständlich, wann, wo und wie er seine Locker einsetzt.

Beim Üben mit der Hasenklage in meinem Jagdzimmer kommt Erika hinzu und meint, mein Gelocke höre sich an wie ein weinendes Kleinkind. Frechheit! Unverschämt! Ich lasse mir jedoch nichts anmerken, und sage: »Das muss so.« Dennoch verspreche ich ihr hoch und heilig, den 14 Monate alten Säugling eines befreundeten Ehepaares nicht mit auf den Hochsitz zu nehmen, falls ich die Hasenklage mal verlieren sollte …

Gut vorbereitet – Hasen- und Kaninchenklage, Vogelklage, Mauspfeifchen und Ranzbeller baumeln an Lederbändern vor meiner Brust – mache ich mich am 12. Januar auf den Weg, Großartiges zu erleben. Gut zehn Zentimeter hoher Neuschnee bedeckt die Landschaft mit einem perlweißen Mantel, verzaubert das dunkle Fichtenholz in einen wunderschönen Märchenwald.

Kurz vor 20 Uhr nähere ich mich mit bedächtigen Schritten der geschlossenen Kanzel, vielleicht kann ich auch nicht schneller, und freue mich auf die bevorstehende Reizjagd auf Fuchs und Co. Zwar geht der seit zwei Tagen abnehmende Mond erst in zwei Stunden auf, aber auch ohne ihn ist das Licht aufgrund des leuchtenden, glitzernden Schnees bei wolkenfreiem, sternenklarem Himmel für einen sicheren Schuss absolut ausreichend. Weil Tarnung, speziell auf den roten Freibeuter, das A und O ist, und das durchaus auch nachts, habe ich meinen zweiteiligen Tarnanzug über die warme Kleidung gezogen. Da ich in der Kanzel sitze, ist er heute grün. Würde ich während der Ranz in verschneiter Landschaft tagsüber im Freien jagen, wäre er weiß.

Angekommen. Bereits nach wenigen Minuten habe ich mich eingerichtet und lasse mich aufs mitgebrachte Filzkissen plumpsen. Als Waffe habe ich meine Sauer Bockbüchsflinte in den Kalibern 7x65R und 16/70 dabei. Geladen und gesichert liegt sie auf der gefütterten Ablage. Kalt? Nein. Mein gasbetriebener Heizofen zwischen den Beinen hält mich warm.

Der Hochsitz befindet sich auf freiem Feld, etwa 250 Meter vom Waldrand entfernt. Dort kenne ich einen Bau inmitten von Büschen und Sträuchern. Erst vor fünf Tagen habe ich bei einem

Kontrollgang festgestellt, dass er befahren ist. Unmittelbar nach dem Verlassen des Baues hatte sich Reineke den im Schnee deutlich sichtbaren gelben Sand aus dem Balg geschüttelt. Wenn ich Glück habe, lässt er sich blicken.

Auf geht's: Ich starte die erste Strophe, imitiere einen sterbenden Hasen. Kurz darauf folgt die zweite. Mit Exitus, versteht sich. Es klappt. Etwa zehn Minuten später entdecke ich am Waldrand etwas Rotes auf dem Weißen. In Zeitlupe hebe ich das Fernglas an die Augen. Verdammt, es ist beschlagen. Nachdem das Malheur behoben ist, sehe ich, dass der Fuchs noch da ist. Ich schiebe das Gewehr in Position und lasse erneut einige Klagelaute erklingen. Jedoch nicht mit der Hasen-, sondern mit der Vogelklage. Ob sich der Freibeuter betören und näher heranlocken lässt?

Es sieht so aus. Zunächst tut er zwar völlig unbeteiligt, so als hätte er nichts gehört, dann jedoch schnürt er bei für mich gutem Wind direkt auf den in der Zwischenzeit »verendeten« Vogel zu. Gleich darauf hat er es plötzlich richtig eilig. Will wohl schneller an Ort und Stelle sein als ein anderer seiner Sippe. Wie von der Tarantel gestochen kommt er mit wehender Lunte »angeflogen«. Bloß nicht bewegen! Wie heißt es so schön? Wenn dir eine Raupe auf den Hut fällt, sieht es der Fuchs, der Rothirsch hört es und der Keiler kann es riechen.

Längst habe ich das Gewehr entsichert und erfasse den Fuchs mit dem Zielfernrohr. Ich bin bereit. Immer näher kommt er. Kaum 50 Meter vor mir verhofft er und äugt breit stehend nach links. Irgendwo hier muss er doch liegen, der Vogel. Der richtige Moment zum Abdrücken. Im Knall endet Reinekes Spur. Erleichtert atme ich auf. Er liegt. Der stattliche Rüde mit einem Gewicht von neun Kilo ist am Ende seiner Perlenschnur angekommen.

Die nächsten zwei Stunden bei hervorragendem Licht aufgrund des nunmehr hell leuchtenden Mondes und der weißen Schneedecke vergehen wie im Flug. Ich habe guten Anblick: zwei Rehe, drei Hasen und ein Marder, der 90 Meter entfernt am Waldrand herumwuselt. Die Rehe nähern sich dem verendeten Reineke bis auf wenige Meter, winden kurz in dessen Richtung und setzen dann in aller Seelenruhe ihre bescheidene »Kratzmahlzeit« fort.

Es wird Zeit, weiter zu reizen. Wieder kommt zunächst die Hasenklage zum Einsatz. Markerschütternd, was sich da in heller Nacht abspielt. Er muss gewaltig leiden, der Mümmelmann. Potzblitz: Keine fünf Minuten später schnürt Fuchs Nummer zwei, etwa 250 Meter entfernt aus dem Fichtenaltholz kommend, direkt auf meinen Sitz zu. Wieder ein ausgesprochen starkes Exemplar. Richtig was los, heute Nacht.

Als sich der Freibeuter im Schilf eines Grabens verdrücken will, locke ich erneut. Nein. Nicht mehr mit der Hasenklage. Die Vogelklage soll es richten. Wieder scheint es zu klappen. Jetzt ist der Rote höchstens noch 150 Meter entfernt. Ein letztes Mal lasse ich den Vogel in Todesangst schreien, dann nehme ich die Mauspfeife in den Mund und mache mich fertig. Eine Reihenfolge, die sich bewährt hat. Zunächst Hasenklage, dann Vogelklage, dann Mauspfeifchen. Ich habe beide Hände frei und lasse den Nager zwitschern. Reineke fällt tatsächlich darauf rein. Zügig kommt er näher. 80, 70, schließlich sind es höchstens noch 60 Meter. Ich bin bereit.

Während ich weiter zwitschere, verhofft Reineke und bewegt den Kopf von links nach rechts, versucht wohl, die Maus zu orten. Als er nahezu breit steht, schieße ich. Was folgt, ist eine kurze Todesflucht. Aber selbst mit bloßen Augen kann ich erkennen, dass der Rote nach etwa 20 Metern im Schnee versinkt. Nur einmal noch schwenkt er die Lunte, dann ist es vorbei. Rüde Nummer zwei liegt. Das klappt ja wie am Schnürchen auf die Schnürenden heute Nacht.

20 Minuten später: Bewegt sich da nicht etwas? Ja. Ein Steinmarder! Siedend heiß durchfährt es mich. Kaum 30 Meter entfernt

springt er, einem Irrwisch gleich, durch den Schnee. Jetzt bloß nicht lange fackeln. Als er kurz verhofft, schicke ich die dreieinhalb Millimeter starken Schrote auf die Reise. Im Feuer glaube ich, den Marder Rad schlagen zu sehen. Richtig gesehen, Weißkehlchen liegt. Was für ein Glück. Zwei Füchse und einen Marder habe ich erlegt. »Danke, Klaus! Super, deine Locker!«

Ab nach Hause. Ich bin mehr als zufrieden. Unzählige Sterne geben mir das Geleit. Ach so, ja: Natürlich lasse ich alle drei Bälge gerben.

Der Wilderer vom Düsterwald

Völlig in Gedanken versunken, schlendere ich über den Friedhof und will zwei der vor wenigen Monaten verstorbenen Angel- und Jagdfreunde an ihren Gräbern besuchen. Besuchen? Anstänkern werde ich sie. Ihnen Vorwürfe machen, sich einfach so zu verdrücken.

Auf dem Rückweg über den Friedhof zum Auto verharren meine Blicke an einem weiteren Grabstein. Den Insassen der Gruft kannte ich. Ein unangenehmer Zeitgenosse! Erst ein Jahr ist es her, dass er sich ins Jenseits verabschiedete. Ich habe ihn schwer in Verdacht, gewildert zu haben. Über Beweise allerdings verfüge ich nicht.

So ging's los: Mitte September vor drei Jahren sitze ich gegen 16 Uhr am Waldrand vor einer fünf Hektar großen Wiese auf der Leiter und warte auf den ausgeguckten Abschussbock, der sich fast jeden Abend genau hier blicken lässt. Müde bin ich, habe ganz sicher zu viel gearbeitet in den vergangenen Wochen. Ich kann nichts dagegen tun: Mir fallen die Augen zu, und ehe ich mich versehe, segle ich ins Reich der Träume. Wie sagte meine Großmutter immer? »Irgendwann wird jeder müde!«

Schon nach wenigen Minuten jedoch holt mich ein Knall in die Gegenwart zurück. Fast wäre ich von der Leiter gefallen. Woher kam der Schuss? Aus dem Revier? Oder aus dem Nachbarrevier? Ich weiß es nicht. Schon peitscht ein weiterer Schuss durch den Wald. Von der Lautstärke her mutmaße ich, aus einem Kleinkalibergewehr. Jetzt bin ich hellwach und komme zu der Erkenntnis, dass es keiner der Nachbarjäger gewesen sein kann. Was tun?

Ich baume ab. Langsam und vorsichtig pirsche ich durch die Dickung in die Richtung, aus der die Schüsse kamen. Was ist denn das für ein Auto? Abgeschlossen und führerlos steht es am Wegesrand. Ich notiere mir das Kennzeichen und gehe weiter. Außer frischen Fußspuren jedoch fällt mir nichts Weiteres auf. Mist, der Ansitz ist versaut. Ich fahre nach Hause. Dort angekommen schlage ich mir mit der flachen Hand gegen die Stirn. Vielleicht hätte ich einfach nur warten sollen, bis der Fahrer des Wagens erscheint. Zu spät. Blödmann!

Am nächsten Tag erfahre ich über Umwege, wem das abgestellte Auto gehört. Der Besitzer ist der, der mittlerweile in der Kiste unter der Erde auf dem Friedhof liegt.

Zwei Wochen später. Das gleiche Spiel! Wieder ein Schuss aus einer kleinkalibrigen Waffe. Weil ich sehr schnell abbaume und regelrecht in die Richtung losstürme, aus der der Schuss kam, entdecke ich ... nichts. Aber dann: Was ist das für ein Geräusch? Hört sich an, als würde jemand ein Auto starten. Genauso ist es. Schon gibt der unbekannte Fahrer Gas und verschwindet in Richtung Bundesstraße. Verdammt: Ich kann nichts erkennen. Das war knapp.

Vier Tage später ruft mich eine ältere Dame an und teilt mir mit, dass sie beim Pilzesammeln einen toten Rehbock im Unterholz des sogenannten Düsterwaldes gefunden habe. Weil ich sofort losfahre, bleibt sie am beschriebenen Wegesrand so lange stehen, bis ich da bin, und geht mit mir zur nur schwer zugänglichen Stelle, an der sie den Bock entdeckte. Klare Sache: Waidwundschuss mit kleinem Kaliber. Wahrscheinlich Hornet. Verdammte Sch…!

Auch in den folgenden Monaten fallen immer wieder Schüsse im Revier. Zwei Mal entdecke ich mit dem Fernglas im letzten Licht weit entfernt eine verdächtige Person mit einem dicken »Stock« am Rücken, kann sie jedoch nicht stellen, weil sie in Windeseile im Unterholz verschwindet.

Ich komme ins Grübeln. Was werde ich tun, wenn ich den Wilderer auf frischer Tat erwische? Was, wenn er sich wehrt, wenn er stärker ist als ich, wenn er mich vielleicht sogar mit der Waffe bedroht? Würde ich ihn in Notwehr erschießen, wie es vor 100 Jahren in deutschen Revieren des Öfteren beim Kampf zwischen Förstern und Wilddieben vorkam? Oder er mich? Ich nehme mir vor, die direkte Konfrontation zu meiden und zur Polizei zu gehen, um Anzeige zu erstatten. Im Idealfall mit Beweisfotos. Verdammt aber auch.

Während eines abendlichen Rundgangs durchs Revier zieht es mich durch kniehohen Aufwuchs in einen völlig verwilderten Bereich, den ich seit Wochen nicht aufgesucht habe. Und plötzlich stockt mir der Atem. Vor mir liegt ein bereits in Verwesung befindlicher Rehbock. Ein über Lauscher hoher Sechser. Ohne ihn zu berühren, entferne ich das Gras, das ihn zum Teil überwuchert, und kriege das Würgen. Blattschuss! Der Ausschuss ist eindeutig als solcher zu erkennen. Klare Sache: Hier war jemand mit einer kleinkalibrigen Büchse auf der Jagd und hat den Bock während der Nachsuche nicht gefunden. Eins und eins ist zwei: Ich weiß, wer da geschossen hat und das Stück verludern ließ!

Anfang Januar des nächsten Jahres sitze ich nachts auf Raubwild an. Über mir sternenklarer Himmel. Der fast kreisrunde Mond in Verbindung mit drei Zentimeter Neuschnee spendet so viel Licht, dass ich mit meinem 8x56er-Zielfernrohr auf der 7x57er-Büchse problemlos schießen kann. Ich habe es auf einen starken Fuchs, den ich mehrmals auf Fotos der Wildkamera bewundern konnte, abgesehen.

Und wieder fällt ein Schuss. Höchstens 300 Meter entfernt. Ganz sicher im Revier. Weil es keinen Sinn macht, mitten in der Nacht im Wald herumzustrumpeln, verschiebe ich die Suche auf den nächsten Morgen und finde aufgrund verräterischer Spuren im Schnee eine an einer Böschung verendete Ricke. Verdammt! Verdammt aber auch!

Wochen später will ich in aller Frühe trotz fürchterlichen Sauwetters von der geschlossenen Kanzel aus mein Glück auf ein schwer verletztes Damkalb versuchen. Völlig gegen meine Gewohnheit parke ich den Wagen lediglich 150 Meter vom Hochsitz entfernt in der Dickung, wo er nur aus nächster Nähe zu sehen ist. Jetzt heißt es warten. Nur langsam wird es hell. Was ist das? 300 Meter entfernt nähert sich von der Bundesstraße aus ein Auto dem Waldrand. Alle 30, 40 Meter hält der Fahrer, leuchtet mit dem Fernglas die Gegend ab.

Die Farbe des Wagens und das Nummernschild, mit dem Spektiv kann ich es erkennen, machen deutlich: Es ist der Verdächtige. Immer näher kommt er. Als der Halunke jedoch meinen versteckt geparkten Wagen entdeckt, fährt er sofort rückwärts, wendet mit durchdrehenden Reifen und gibt Gas. Mist, zum Fotografieren ist es noch zu dunkel. Wieder fehlt mir der Beweis.

Im Mai gleichen Jahres lese ich in der Zeitung die Todesanzeige besagter Person und bin sicher, dass ab sofort nicht mehr gewildert wird. So ist es. Die Ballerei hat ein Ende. Und Monate später bietet seine Witwe in »Wild und Hund« unter der Rubrik »Waffenverkäufe« eine gut erhaltene, gebrauchte Hornet an! Also doch!

Wie heißt es so schön? »Erst wenn der Schnee geschmolzen ist, weiß man, wo die Scheiße liegt.« Soll heißen: Jetzt, wo der Wilderer tot ist, hat sich die Sache erledigt. Ich hab's gewusst!

Echte Glücksschweine

Es ist der 11. November, und bereits gegen 17 Uhr sitze ich inmitten des Fichtenwaldes im Mittelgebirge im Revier eines Freundes auf der Kanzel. Ich will versuchen, eine Sau zu erlegen. Die alle zwei Tage beschickte Kirrung befindet sich etwa 60 Meter entfernt. Drei Tage, besser gesagt, drei Nächte, habe ich Zeit. Übermorgen ist Vollmond.

Langsam klettert die fast kreisrunde helle Scheibe über die hohen Fichten des Berges in der Ferne und legt ihr dämonisch funkelndes Silberlicht auf die Nebelschwaden, die über den vorgelagerten Wiesen wabern. Staunend und mit offenem Mund sitze ich auf meiner Kanzel und sauge das Gemälde in mich hinein.

Schade, 20 Minuten später ist es vorbei mit der Herrlichkeit. Heftiger Landregen stellt sich ein. Pfui Teufel, was für ein Sauwetter! Sauwetter? Im wahrsten Sinne des Wortes. Den Schwarzkitteln macht es nichts aus. Sicher sind sie auch heute Nacht wieder unterwegs. Aufgrund des bedeckten Himmels spendet der Mond nur noch spärliches, gleichmäßig diffuses Licht. Mal schau'n, ob es reicht zum Schießen. Wenn sich denn etwas Passendes blicken lässt.

Mit leicht beschlagener Brille sitze ich auf der Kanzel und richte mich, ohne die Fenster zu öffnen, in aller Ruhe ein. Erst als ich fertig bin, öffne ich die Luke mit Blick auf die vor mir liegende Kirrung. Der Wind kommt von vorn. Perfekt. Ich stelle das geladene und gesicherte Gewehr senkrecht an die Kanzelwand und beginne, durch mittlerweile klare Brillengläser und Fernglas den Bereich vor mir abzuglasen. Dass es ab sofort noch stärker regnet als zuvor, macht mir Sorgen. Ob das gut geht? Eine halbe Stunde später: Wie schön. Es hört auf. Die Sicht wird besser. Die Bäume und Büsche rund um mich herum gleichen bizarren, dunklen Konturen. Gespenstisch. Mystisch.

Bis 20 Uhr tut sich absolut nichts. Dennoch habe ich ein gutes Gefühl. Immer wieder glase ich die Umgebung ab. Und dann stockt mir der Atem. Eine Sau! Urplötzlich erscheint schemenhaft, und wirklich nur schemenhaft, zwischen den Stämmen der Fichten eine große Sau. Ein Keiler? Eine starke Bache? Auf jeden Fall eine äußerst vorsichtige, erfahrene Sau. Mein Puls beschleunigt sich. – So ein Pech: Genau im falschen Moment schiebt sich eine riesige tiefschwarze Wolke vor den Mond, sodass ich nichts mehr erkennen kann. Fast zehn Minuten dauert es, bis die Wolke vorübergezogen ist. Aber so sehr sich meine Augen auch bemühen, die Sau, der Koloss, ist weg.

Wilde Gedanken gehen mir durch den Kopf. Habe ich einen Urian, einen dieser geheimnisumwobenen Einzelgänger verpasst? Oder war es doch eine starke Bache, deren Frischlinge ich nicht sehen konnte, weil sie sich noch im Unterholz befanden. Ich weiß es nicht. Wind von mir jedenfalls dürfte der oder die Schwarze nicht bekommen haben. Ein richtiges Glücksschwein. Trotz des schlechten Lichts bleibe ich bis Mitternacht sitzen, habe jedoch keinen weiteren Anblick. Schade. Chance vertan.

Am nächsten Tag: Wieder sitze ich um 17 Uhr auf der Kanzel und bin abermals guten Mutes. Das Wetter hat sich gebessert: Kaum noch Regen, und der Mond spendet wesentlich besseres Licht als am Tag zuvor. Um 19.30 Uhr Bewegung: In einer Entfernung von 50 Metern erscheinen zwei Rehe. Ricke mit einem Kitz. Als sie sich anschicken, in der Dickung zu verschwinden, folgt ihnen ein Bock. Weil er noch nicht abgeworfen hat, kann ich ihn zweifelsfrei als solchen ansprechen. Direkt unter dem Hochsitz raschelt es. Ein kräftiger Waldhase. Ehe ich mich versehe, hat auch ihn die Dunkelheit verschluckt. Nicht weit entfernt ruft ein Waldkauz. Antwort bekommt er nicht.

Ha! In Schrotschussentfernung beginnt ein Rotfuchs im Unterholz nach Beute zu scharren. Wohl erfolglos. Weil ich die Hoffnung habe, die starke Sau von gestern noch einmal in Anblick zu bekommen, bleibt die Kugel, allerdings schweren Herzens, im Lauf. Und dann, verdammt, beginnt es wieder zu regnen. Darauf hätte ich verzichten können. Was machen die Wolken? Es werden mehr. Hell, dunkel, hell, dunkel. Ständig schieben sich neue Formationen vor den Mond. Eigentlich von Vorteil: Im Dunkeln fühlt sich das Wild sicherer und tritt aus. Sobald die Wolke den Mond freigibt, könnte ich schießen.

Super, ab 21 Uhr wird es nahezu windstill und der Himmel ist wolkenfrei. Die Schweinesonne steht fast senkrecht über mir, kaum Schlagschatten im Bereich der Kirrung. Das Stimmungsbarometer steigt.

22.30 Uhr:. Bewegt sich da nicht etwas? Das Fernglas gibt Aufschluss. Hurra! Da ist er ja wieder, der schwarze Klumpen. Leider für einen sicheren Schuss viel zu weit entfernt, verhofft die Sau im Schatten einer Buschreihe. Mit dem Glas glaube ich erkennen zu können, dass sich der gewaltige Schwarzkittel Wind holt. Das dunkle dreieckige Gebäude lässt auf einen Keiler schließen. Und genau in dem Augenblick, als ich zur Büchse greifen will, höre ich es knacken. Zunächst leise, dann immer lauter.

Mehrere Sauen im Anmarsch! Es kann nur noch Sekunden dauern, bis sich die schwarze Bande einstellt. Was macht der Keiler?

Er ist weg! Ich glaub's nicht. Die Rotte zieht an der Kirrung vorbei, und auch »meine Sau« bleibt verschwunden. Um ein Uhr baume ich ab und bin deprimiert. Das war knapp. Auch in der zweiten Nacht blieb die Kugel im Lauf. Was für ein Glücksschwein! Chance Nummer zwei ist vertan. Immerhin. Eine Nacht habe ich noch.

Aufgrund einer Reifenpanne, die mich eine volle Stunde kostet, sitze ich am nächsten Tag erst kurz vor 18 Uhr auf der Kanzel und richte mich ein. Um im Fall der Fälle schnell reagieren zu können, positioniere ich das Gewehr auf die zurechtgelegte Filzmatte auf der Fensterbrüstung, dann verhalte ich mich mucksmäuschenstill. Das Wetter gefällt mir nicht. Geschlossene Wolkendecke, schlechte Sicht. Der Mond schwächelt. Das diffuse Licht reicht wahrscheinlich nicht für einen vertretbaren Schuss. Wenn ich wieder zu Hause bin, das nehme ich mir ganz fest vor, werde ich mir ein Zielfernrohr mit Leuchtpunktabsehen zulegen. Damit erhöhen sich die Aussichten, selbst bei nicht ganz so guter Sicht zu Schuss zu kommen.

22 Uhr: Oh, mein Gott – schon von Weitem höre ich sie, die gemischte Rotte. Wohl die von gestern Nacht. Wieder befindet sie sich in Aufruhr: schauriges, urweltliches Geschrei, schrilles Gequieke, knackende Äste, zischende Zweige ... Die Schwarzkittel-Sippschaft ist außer Rand und Band. Da sind sie ja! Frischlinge, Überläufer, Bachen und, nur mit Mühe kann ich es erkennen, eine richtig dicke Sau. Darf nicht wahr sein!

Doch ohne auch nur eine Sekunde zu verharren, flitzen die Schwarzkittel wie Irrwische über die Kirrung. Keine Chance, sie genau anzusprechen. Schon hat sie die Dunkelheit verschluckt. Erst etwa 100 Meter entfernt scheinen sie mit lautem Quieken und hysterischem Schreien den Wald auseinandernehmen zu wollen! Der Mais an der Kirrung jedenfalls interessiert sie nicht die Bohne. Trotz der beißenden Kälte läuft mir der Schweiß von der Stirn. Aber so sehr ich auch hoffe, etwas Schwarzes kommt mir nicht mehr in

Anblick. Immer weiter entfernt sich die Bande, und immer noch hört es sich an, als würden Betrunkene ein Tanzlokal zu Kleinholz schlagen. Die Schlagadern hüpfen, das Herz trommelt. Auch, wenn ich nicht zu Schuss gekommen bin, ein Riesenerlebnis.

Zwar bleibe ich noch sitzen, nachdem sich die Horde gänzlich verdrückt hat, aber um vier Uhr bin ich dann doch hundemüde, kann die Augen kaum noch offenhalten. Ich baume ab und torkle zum Auto. Tür auf, einsteigen, Tür zu, Stiefel ausziehen und rein in den Schlafsack. Schnell die Fensterscheibe noch einen Spalt öffnen ... und Feierabend. Heute Nacht werde ich nicht im Hotel schlafen, weil ich bereits in wenigen Stunden nach Hause fahren will. Schon segle ich ins Reich der Träume.

Drei Chancen auf einen Schwarzkittel habe ich gehabt, wahrscheinlich sogar auf einen starken Keiler, bin jedoch nicht zu Schuss gekommen. Glücksschweine! Richtige Glücksschweine! Ob ich traurig bin? Ein wenig schon. Dennoch waren es wunderschöne Jagdtage.

Während der Fahrt in aller Herrgottsfrühe vom Mittelgebirge zurück nach Emden gehen mir steinzeitliche Gedanken durch den Kopf. Genau hier, in diesem Landstrich, in dem ich mich gerade befinde, stellten unsere Vorfahren vor 100 000 Jahren mit einfachen Holzspeeren den Waldelefanten, Mammuts, Riesenhirschen, Moschusochsen, Wollnashörnern und Höhlenlöwen nach. Im Rhein schwammen Flusspferde, und mancher der Urzeitmenschen wird seine Waghalsigkeit bei der gefährlichen Jagd nach Frischfleisch mit dem Leben bezahlt haben.

Vor 30 000 Jahren ging es mit Lanzen, die mit scharfen Stein- und Knochenspitzen versehen waren, auf die Pirsch, und gerade mal 13 000 Jahre ist es her, dass die Jäger, Fischer und Sammler mit gezähmten Jungwölfen, den vermutlich ersten Haustieren der Menschen, dem Wild nachstellten. Noch vor 10000 Jahren erbeuteten sie mit Pfeil und Bogen die äußerst zahlreich vorkommenden Rentiere und Elche.

Ich sehe sie förmlich vor mir, die verwegenen Männer in ihrer Kleidung aus Tierfellen. Sie müssen in etwa so ausgesehen haben wie die Inuit heute. Das bei Ansitz und Pirsch erlegte oder in Gruben gefangene Wild schlugen sie mit Steinwerkzeugen aus der Decke und zerwirkten es. Danach wurde das Wildbret vor, aber auch in der Höhle, wenn sie denn groß genug war, über dem Lagerfeuer gebrutzelt.

Was haben wir es doch gut heute, sinniere ich. Zielgenaue Gewehre, Hochleistungs-Ferngläser, Kühlkammern fürs erlegte Wild, Häuser mit Strom und »Wasser aus Wand«, Geschirrspülmaschinen, Waschmaschinen, Zentralheizungen, Licht auf Knopfdruck, Computer, Handys, Autos, Züge, Schiffe und Flugzeuge, die uns innerhalb weniger Stunden in weit entfernte Erdteile fliegen. Medizin, die uns uralt werden lässt ...

»Genug geträumt«, sage ich zu mir. »Pass lieber auf, es regnet in Strömen. Jetzt bloß keinen Unfall bauen. Ab nach Hause.«

Dort angekommen, fragt Erika, die sich schon Sorgen gemacht hatte: »Hast du eigentlich keine Angst, so ganz allein nachts im Wald?«

»Nee«, antworte ich. »Ich sage einfach: ›Ich kann Karate! Und geboxt habe ich auch!‹ »

Obwohl, wenn ich so darüber nachdenke, ist die gefährlichste Phase die, wenn man mitten in der Nacht vom Hochsitz zum Auto geht. Wenn mir zum Beispiel ein Halunke, der sich hinter einem Baum verschanzt hat, eins mit einer Stange auf die Rübe haut, erbeutet er sowohl den Wagen als auch die Waffe und die Munition. Bevor ich die Wagentüren öffne, leuchte ich deshalb immer den gesamten Bereich drumherum intensiv mit der Taschenlampe ab. All das muss Erika natürlich nicht wissen ...

Abenteuer Ungarn

Mitte November im Revier Gyulaj südlich vom Plattensee in Ungarn: Zwar begann die Brunft des Damwildes bereits Anfang Oktober, aber aus Zeitgründen konnte ich erst jetzt anreisen. Ein Hirsch mit einem Geweihgewicht bis drei Kilo würde mir völlig reichen, ein Kapitaler muss es wirklich nicht sein. Auf das Erlebnis kommt es mir an. Ich liebe es, in Ungarn zu jagen und bin sicher, auch dieses Mal wieder so manches Abenteuer zu erleben.

Weil bereits nahezu alle Bäume in den riesigen Laubwäldern ihre Blätter verloren haben, können mein Führer Szoltan und ich während der frühen Pirsch in der flachen Landschaft sehr weit sehen. Freie Bahn. Ob es klappt mit meinem Damhirsch? Ich würde mich riesig freuen. Alle paar Minuten bleiben wir stehen und glasen die Umgebung ab. Doch nirgendwo bewegt sich etwas. Plötzlich tippt mich Szoltan an und deutet wortlos mit dem Zeigefinger auf eine zirka 300 Meter entfernte Stelle. Er reicht mir das Fernglas, aber außer mehreren hohen Brombeerbüschen zwischen den kahlen Bäumen kann ich nichts erkennen. »Genau in der Mitte der vier Büsche«, sagt er, »hat sich Damwild niedergetan.«

Dann sehe auch ich sie. »Zwei junge Hirsche und drei Damen«, antworte ich. Szoltan erhöht auf vier Damen.

Von wegen Friede, Freude, Eierkuchen. Urplötzlich erheben sich die Hirsche und beginnen, sich zu beharken. Ganz offensichtlich haben sie Stunk. Wie so oft, wenn es um die Gunst der Damen geht. Soll sogar bei höher entwickelten Lebewesen vorkommen. Vehement knallen die Geweihe der Knieper aufeinander. Mit dem Doppelglas kann ich erkennen, wie vier Rabenkrähen fluchend das Weite suchen.

»Komm«, flüstert Szoltan, »wir versuchen näher heranzukommen. Vielleicht ist ja noch ein älterer Hirsch in der Nähe.«

Schon pirschen wir, jede Deckung nutzend, das Wild an. Das ist zwar nicht besonders anstrengend, aber dennoch komme ich gewaltig ins Schwitzen. Vielleicht liegt es daran, dass ich in den vergangenen zwei Nächten kaum geschlafen habe. Dampfen und Pfeifen! Der Lecker hängt mir bis zum Bauchnabel. Szoltan bemerkt es und lässt es noch langsamer angehen als sowieso schon.

Als wir etwa 100 Meter hinter uns gebracht haben, verschanzen wir uns hinter zwei umgestürzten Eichen und glasen das Gelände ab. Aber da ist nichts mehr. Irgendwo muss es doch sein, das Damwild. »Seltsam«, flüstere ich.

Da zuckt Szoltan zusammen. »Der Wind«, entfährt es ihm, »der Wind hat gedreht und sie gewarnt!«

Genauso ist es. Nur wenige Sekunden noch sehen wir, wie eins der Alttiere, ständig zu uns herüberäugend, hinter einem Hügel verschwindet. Nun denn. Ein mittelalter Hirsch war wohl sowieso nicht dabei.

Inzwischen ist es Mittag geworden, und wir machen eine Pause. Der heiße Kaffee aus der Thermoskanne sowie die geschmierten Brote beleben die Geister. Bereits nach einer halben Stunde bin ich wieder fit. Dennoch nehme ich mir die Zeit, den Inhalt einer der mitgebrachten Vitamin-B12-Ampullen zu trinken. Das gibt Kraft und fördert die Ausdauer. Früher brauchte ich so etwas nicht. Schließlich geht es weiter.

Vorsichtig pirschen wir durch den Wald über eine große, flache Ebene. Und schon kommt uns das nächste Wild in Anblick: Wieder ein junger von zwei Schmaltieren begleiteter Hirsch. Dennoch, ich bin begeistert. Der Veranstalter hat nicht zu viel versprochen. Der Damwildbestand hier ist in der Tat außergewöhnlich hoch.

Wieder wird es Zeit, die Gegend abzuglasen. Unaufhörlich schauen wir durch die Ferngläser, aber fündig werden wir nicht. Also geht es strammen Schrittes vorwärts über Stock und Stein durch zum Teil dichte Vegetation und eng stehende Bäume. Etwa 350 Meter entfernt entdecken wir inmitten des Buchenwaldes mehrere Alt- und Schmaltiere. Fünf Minuten später ist die gesamte Damenrunde hinter einem Schilfbereich verschwunden. Am späten Nachmittag geben wir auf. Zeit, an den Rückweg zu denken. In der Dämmerung strumpelt man nicht in den Wäldern herum ...

Neuer Tag, neue Hoffnung. Noch vor Sonnenaufgang erreichen wir einen seit vielen Jahren bekannten, mitten im Wald liegenden Damwildbrunftplatz und machen es uns in einem verblendeten Erdsitz bequem. Als es heller wird, bin ich extrem konzentriert. Jede Sekunde kann etwas passieren, kann Wild die schützende Dickung verlassen. Doch noch tut sich nichts.

Na bitte: Eine Stunde später entdeckt Szoltan etwa 250 Meter entfernt anwechselndes Damwild. »Vier Damen und drei Hirsche«, lässt er mich wissen. Was sagt das Fernglas? »Einer der Hirsche könnte passen.«

Wir bleiben, wo wir sind und harren der Dinge, die da kommen. Nur langsam nähert sich das Rudel. Dann jedoch erstarren wir zu Salzsäulen. Bloß nicht bewegen. Kaum 120 Meter rechts von uns erscheint ein einzelner Damhirsch. Und was für einer. Selbst ohne

Doppelglas weiß ich, das ist ein Kapitaler, ein Medaillenhirsch! Mindestens Bronze, eher Silber. Nicht mein Budget.

Und schon ist auf dem 150 Meter entfernten Brunftplatz der Teufel los. Gewusel ohne Ende. Fast 20 Minuten lang hören wir sie, die lautstarken rauen, hustenden Laute der treibenden Hirsche. Eine Brunft, wie sie im Buche steht. Zwischenzeitlich klingt es wie lautstarkes Schnarchen. Hin und her geht es. Unaufhörlich ist die Gesellschaft in Bewegung. Verhoffen? Nicht eine Sekunde! Die jüngeren Hirsche haben keine Chance, der alte jedoch kommt mehrmals zu Potte. Beschlägt zwei Alttiere. Schade, mein Wunschhirsch ist nicht dabei. Aber was für ein Erlebnis! Als sich das Wild nach fast einer Stunde »Dauerlauf« niedertut, treten wir klammheimlich den Rückzug an.

»Ich kennen eine andere Stelle«, sagt Szoltan, »auch sehr gut. Heute Nachmittag, wir gehen!«

Gegen 15 Uhr erklimmen wir die offene Kanzel innerhalb eines Eichenwaldes und haben freie Sicht auf den Brunftplatz. Ob wir noch einmal an diesem denkwürdigen Tag das Glück haben, weitere Brunftszenen erleben zu dürfen? Szoltan ist guter Dinge! 30 Minuten später stupst er mich an. Wie hingezaubert steht urplötzlich höchstens 100 Meter entfernt ein augenscheinlich mittelalter Damhirsch mit gleichmäßigen Schaufeln auf der Bühne. »Er warten, bis Damen kommen«, scherzt Szoltan.

Langsam hebt er sein Fernglas an die Augen, und schon Sekunden später flüstert er mir das Zauberwort ins Ohr: »Schießen!«

Als das Absehen des Zielfernrohrs auf meiner Büchse mitten auf der Zehn steht, knallt es. Dumpf rollt das Echo meines Schusses über die Puszta, und mit großer Freude registriere ich, dass der Galan bereits nach 20 Metern zu schwanken beginnt und nach 30 Metern umfällt. Auch Szoltan ist begeistert. »Weißt du, Akki«, sagt er, »bevor du kamst, musste ich zwei hochkapitale Damhirsche nach schlechten Schüssen der Jäger stundenlang nachsuchen. Zum Glück mit Erfolg.«

Immer dasselbe: Urplötzlich bekomme ich Jagdfieber. Das Blut jagt nur so durch die Adern, und das Herz klopft mir bis zum Hals. Ich zittere am ganzen Körper. Hört das denn niemals auf? Hoffentlich nicht! Wir warten noch ein paar Minuten, dann machen wir uns auf den Weg zur Beute.

»2,6 Kilogramm wiegt sie, deine Trophäe«, schätzt Szoltan und vertut sich gerade mal um 50 Gramm. Ideal. Perfekt.

Fast eine Stunde dauert die Bergung der Beute. Und als wir schließlich am Geländewagen seitlich des Feldweges ankommen, beginnt es bereits zu dämmern. Um den Tag in Ruhe ausklingen zu lassen, entzündet Szoltan ein kleines Feuer. Trockenes Holz gibt es genug.

In Gedanken versunken genieße ich die angenehm wärmende Glut und schaue den unzähligen durch die Luft fliegenden Funken nach. So lange, bis sie verglüht sind. Perlmuttartig präsentiert sich der Himmel, und auch der erlöschende, rosige Hauch der untergehenden Sonne zieht unsere Blicke auf sich. Eine halbe Stunde später erhellt der langsam aufgehende Mond die ganze Landschaft, und erste Sterne blinzeln uns zu. Wer da nicht ins Schwärmen gerät, dem ist nicht zu helfen.

»Hast du Interesse«, sagt Szoltan plötzlich, »einen Goldschakal zu erlegen?« Oh! Natürlich habe ich Interesse. Großes sogar.

Am nächsten Morgen machen wir zunächst noch eine längere »Gummipirsch« mit Pferd und Wagen durchs riesige Revier und haben mehrmals prächtigen Anblick sowohl von Reh- und Damwild als auch von Rotwild. Nach der Mittagspause jedoch kümmern wir uns um »meinen« Goldschakal und stellen unweit eines Schilfbereichs mit angrenzenden Feldern und Wiesen vor mehreren kleinen Laubwäldern mit dichter Buschlandschaft einen großen

Tarnschirm für zwei Personen auf. Weitab von den Einständen des Schalenwildes habe ich sofort das Gefühl, das hier was gehen könnte. Szoltan bestätigt, was ich denke. »Genau in diesem Bereich erlege ich alljährlich mehrere Schakale. Zwar ebenfalls am Luderplatz, jedoch in erster Linie bei der Lockjagd.«

Schon früh am nächsten Morgen setzen wir uns an und versuchen unser Glück mit der Kaninchenklage. Wie bei der Jagd auf Füchse. Genau gesagt: Szoltan lockt, ich bin für den Schuss verantwortlich. Meine Waffe ist bereit. 15 Minuten nachdem wir den Sitz eingenommen haben, startet Szoltan die erste Strophe. »Goldschakale sind clever«, sagt er.

Und ich antworte: »Wir aber auch!«

Aber es tut sich nichts. Auch nicht nach der zweiten, dritten und vierten Serie, sodass wir beschließen, das mitgebrachte zweite Frühstück zu genießen. Natürlich ohne lautes Geschmatze. Gut eine halbe Stunde dauert die Prozedur. Danach wird Szoltan wieder aktiv und beginnt etwas aggressiver als zuvor zu locken. Ich will es nicht zu spannend machen: It works! Die Schilfhalme öffnen sich, und heraus tritt ein Goldschakal. Der erste, den ich in meinem Leben in Anblick bekomme. Entfernung? 120 Meter.

Nachdem Szoltan die Kaninchenklage ein weiteres Mal bemüht hat, kommt der Schakal in gemächlich trottendem Gang immer näher. Als die Entfernung zu uns nur noch 80 Meter beträgt, gelingt mir ein perfekter Schuss. Der Schakal fällt um und rührt sich nicht mehr. Zwölf Kilo wiegt der Rüde. Grenzenlos die Freude! »Das kostet zwei bis oben hin gefüllte Teller mit ungarischer Fischsuppe«, jubelt Szoltan.

Erst gestern hatte ich in seinem Beisein davon geschwärmt, dass es nirgendwo auf der Welt eine bessere Suppe gibt. Ich erhöhe sein »Honorar« um eine Flasche rauchigen schottischen Single-Malt. Aus welchen Zutaten die – ich kann es nicht anders sagen – traumhafte Fischsuppe besteht und wie sie zubereitet wird, werde ich zu Hause bei Herrn Google erfragen. Weil es regional Unterschiede gibt, nehme ich mir vor, sie alle nach und nach zu probieren. Heißt: Erika kocht, ich schlürfe!

Meine Zeit ist um. Nein, nicht die Lebenszeit. Die wundervollen Jagdtage in Ungarn! Morgen geht es in aller Frühe mit dem Flieger zurück nach Hause. Dementsprechend lege ich mich zeitig ins Bett und versuche zu schlafen. Schlafen? Haha! Immer wieder schaue ich durchs Dachfenster meines Zimmers nach oben zur kreisrunden »Schweinesonne«. Im Zeitlupentempo wandert sie von links nach rechts. Schon ist es Mitternacht. Aber ich bekomme kein Auge zu.

Plötzlich beginnt es zu stürmen, und tiefschwarze Wolken schieben sich vor die hell leuchtende Scheibe. Die seltsamen Gebilde am Himmel sehen aus wie ein Rudel Damwild. Vorneweg die weiblichen Tiere, gefolgt von schwer atmenden, aufdringlichen, brunftigen Hirschen. Wetterleuchten! Mehr als 20 Mal nacheinander! Als Zugabe fegt der Wind donnernd übers Dach einer nahegelegenen Halle und bricht sich tosend im Giebel. Schließlich zieht sich der Himmel gänzlich zu, und von einer Minute zur anderen wird es stockdunkel.

Die Gedanken kreisen. Überschlagen sich. Ich bin völlig aufgewühlt. Vier Mal noch in dieser Nacht erlege ich zunächst meinen Damhirsch, dann den Goldschakal. Abenteuer Ungarn? Oh ja! Ich wusste es. Jede Jagd in Ungarn ist ein Abenteuer. Endlich klingelt der Wecker. Abmarsch Richtung Heimat!

Hart an der Grenze

Auf dem mit einem Benzinrasenmäher freigeschnittenen 80 Meter langen Pirschweg mitten durch einen Schilfbereich zur Flickenkanzel in der Lüneburger Heide versperren mir gleich mehrere große Spinnennetze den Weg. Egal. Da muss ich durch. Mindestens fünf »Gekreuzigte« bleiben in der Kleidung hängen. Eine krabbelt mir vom Hals in den Rücken ... Nun denn! So ist das nun mal, Mitte September.

Die Schilfhalme sehen nach einem Landregen aus, als wären sie mit Diamanten besetzt. Ich will die Kunstwerke nicht zerstören, mache mich so dünn wie möglich, und gehe langsam weiter. Als die Sonne den leichten Bodennebel vertreibt, glitzert die gesamte Röhrichtzone wie die Milchstraße in sternenklarer Nacht.

Zehn Minuten später, es ist exakt 16 Uhr, sitze ich wie geplant auf der geschlossenen Kanzel. Seit Jahren schon ist sie krank. Ächzt bei jedem Windstoß, stöhnt, sobald ich mich auch nur ein wenig bewege, und klappert, wenn auf ihrem Dach ein Bussard seine Beute kröpft. Kein Wunder, denn in der Vergangenheit musste sie sich mehrfach schwerwiegenden Operationen unterziehen. Kaum ein Brett, das ich nicht gewechselt habe. Immerhin: Das Wild hat sich an die Geräusche gewöhnt. Schöpft keinen Verdacht, wenn ich sitze. Ich liebe sie, die Flickenkanzel. Habe von ihr aus so manches Stück Wild erlegt.

Heute gilt es einem ganz besonderen Bock. Mindestens sieben Jahre alt ist er. Viel hat er zwar nicht auf dem Haupt, aber sein dunkles Korkenziehergehörn fasziniert mich. Nanu? An der Decke der Kanzel hängt was Schwarzes. Eine Fledermaus! Keine Ahnung, wie sie reingekommen ist. Ich öffne alle Luken, tippe sie an, und schon flattert sie davon. »Ohne Miete keine Unterkunft!«, rufe ich ihr nach.

In den nicht weit entfernten Fichten schimpfen zwei Eichelhäher. Es hört sich an, als würde sich ein Ehepaar streiten. Und am Waldrand sucht ein tiefschwarzer Amselhahn mit leuchtend gelbem Schnabel nach Nahrung. Hoch über mir kreist ein nahezu weißer Bussard. Rotzfrech attackieren drei Rabenkrähen den großen Greif und veranlassen ihn, das Weite zu suchen.

Lautes Schwingenklatschen! In steilen Bahnen steigen zwei Tauber in die Höhe und verschwinden sogleich mit waagerecht gehaltenen Schwingen in den Ästen einer Eiche. Das laute »Kik, kik, kik« eines jagenden Turmfalken ertönt. Im schnellen Rüttelflug steht er etwa 15 Meter über der Weide und stürzt schließlich blitzartig zu Boden. Nach nur wenigen Sekunden steilt er auf, und ich sehe, dass er erfolgreich war, denn wenn mich nicht alles täuscht, hat er eine Maus in den Fängen. Achtung. Hinter mir raschelt es! Mein Puls steigt, aber es ist nur ein Hase, der direkt neben dem Hochsitz zu mümmeln beginnt. Als ich mich etwas nach vorn beuge, kann ich durch die Luke jedes Haar von Meister Lampe erkennen.

Plötzlich rieselt etwa 80 Meter vor mir goldfarbenes Laub aus den Ästen einer jungen Birke. Das Fernglas gibt Aufschluss, jetzt sehe ich auch, warum: Es ist der gesuchte Bock, der wütend mit den Stirnlocken am Stamm sowie den Vorderläufen beim Plätzen auf der Erde sein Revier markiert. Jetzt im September? Aber ja. Schließlich leben Böcke in aller Regel territorial. Nicht nur während der Brunft, sondern das ganze Jahr über: »Hier bin ich zu Hause!« Lässt sich ein anderer Galan blicken, kriegt er die Hucke voll!

Der Alte vor mir ist nicht doof. Mir scheint, er kann das Pulver in der Patrone riechen. Dennoch: Nie war die Chance, ihn zu erlegen, besser als heute. Ich mache mich fertig. Wie weit ist es? 120 Meter, schätze ich. Aber er steht spitz von vorn. Erst nach 20 endlos erscheinenden Minuten, nach 1200 langen Sekunden, steht er kurz breit. Und als ihn das Fadenkreuz des Absehens erfasst, ist es schon wieder zu spät. Wieder zu spitz für einen Schuss. Ich lasse es.

Jetzt wird es problematisch. Der Korkenzieher auf vier Läufen zieht langsam, aber zielstrebig in Richtung des »feindlichen Reviers«, das 100 Meter weiter beginnt. Ich habe Glück. Hart an der Grenze macht er, warum auch immer, eine Kehrtwendung und kommt zurück.

Schließlich ist er höchstens noch 70 Meter von mir entfernt, sodass ich mich traue. Ich drücke die Büchse ganz fest an die rechte Fensteröffnung und schieße sofort, als der Begehrte breit steht. Blattschuss – mitten durch die Lunge, stelle ich später fest. Nach 20 Metern Todesflucht bricht der Alte verendet zusammen. Ich habe ihn, kann sehen, wo er liegt.

Ich warte gut zehn Minuten, bevor ich abbaume und die Beute in Besitz nehme. Hätte ich vielleicht nicht tun sollen, denn schwarz, düster, drohend macht sich, fast wie an den Cliffs of Moher, den berühmten Steilklippen an der Südwestküste Irlands, ein Unwetter breit, mit ohrenbetäubendem Donnern, gefolgt von grellen Blitzen und prasselndem Regen ... Die Natur spricht mit mir. Dann stürmt es derart heftig, dass ich, mit dem Bock im Schlepptau, so schnell es geht Schutz hinter einem Wall suche. Jede Tapferkeit hat ihre Grenzen.

Nur Sekunden später dröhnt ein Todesschrei durch den Wald. Der uralte Ahorn, kaum 70 Meter entfernt, bricht nach einem Blitzschlag ohrenbetäubend laut krachend auseinander. Puh! Es ist nicht das erste Mal, dass ich Derartiges erlebe.

Schneller als der Blitz

Wieder einmal sitze ich am Computer und mache mich daran, die Erlegung mehrerer Füchse während einer Baujagd mit Freund Rolf zu schildern. Aber es fällt mir schwer. Ich nehme die Hände von der Tastatur, schmiege mich an die Rückenlehne des Stuhls und schließe die Augen. Eine gute Idee, denn schon nehmen die Details beim Kramen in der Vergangenheit Konturen an. Zunächst noch etwas verschwommen, dann immer deutlicher. Ich lege die Finger auf die Tastatur und beginne zu schreiben:

Wie schön. Innerhalb weniger Stunden wird die noch braun-grüne Landschaft Anfang Februar mit weißem Puderzucker bestäubt. Zehn Minuten später beginnt es heftig zu schneien. Flocken, so groß wie Kohlweißlinge! Die Sichtweite beträgt höchstens noch 40 Meter. Ja. Das ist Baujagdwetter wie es im Buche steht. Ein Tag, der Beute verspricht.

Rolf ist ein Spezialist, der seinesgleichen sucht, und hat mit seinen Hunden bereits mehr als 2000 (!) Rotröcke gesprengt. Ich bin sicher, heute erhöht sich seine Bilanz. Die Füchse müssten stecken.

Nahezu geräuschlos stellen wir uns an den Röhren des seit Jahren bekannten Naturbaus mitten in einem Buchenwald an und warten darauf, dass ein roter Freibeuter springt. Anna, Rolfs kleine, erfahrene Kurzhaarteckeline, ist eingeschlieft und gibt schon bald unaufhörlich an gleicher Stelle Laut. Kaum zu hören zwar, aber eindeutig. Ein gutes Zeichen.

Während die Schneedecke aufgrund des enormen weißen Regens um uns herum kontinuierlich höher wird, verschwinden die Flocken im Wasser des nahen kleinen Flüsschens in der Unendlichkeit. Es ist kalt, aber wir frieren nicht. Wäre ja noch schöner: frieren auf der Baujagd. Die Spannung lässt das Blut pulsieren. Keine Zeit zum Zittern. Jede Sekunde kann er springen, der rote Blitz.

Und schon passiert's: Urplötzlich steht ein Fuchs vor einer der Röhren, dreht sich jedoch nach kurzem Sichern blitzartig um und verschwindet im Bau. Hat er uns mitbekommen? Kaum, denn der Wind steht gut, und wir haben uns nicht bewegt.

Wieder gibt Anna Laut. Diesmal von einer anderen Stelle aus. Etwa eine Minute später fährt Reineke in atemberaubender Geschwindigkeit aus der Röhre. Nach nur dreimaligem Aufsetzen im Schnee ist er kurz davor, in der Dickung unterzutauchen. Aber Rolfs zwei unmittelbar nacheinander abgegebene Schrotschüsse lassen ihn rollieren und in den Schnee sinken. Der ist mittlerweile so hoch, dass der verendete Rotrock nur wenige Zentimeter herausragt. Der Bann ist gebrochen.

»Schneller als der Blitz!«, jubelt Rolf.

»Wer?«, frage ich: »Du oder der Fuchs?«

Rolf lächelt: »Ich natürlich.«

Wo bleibt Anna? Normalerweise kommt sie sofort nach dem Schuss aus dem Bau, um die Beute zu beuteln. Standlaut! Klare Sache. Im Bau befindet sich ein weiterer von der roten Sippe! Längst hat Rolf seine Flinte neu geladen, und er geht in Voranschlag. Auch ich bin bereit.

Achtung! Der zweite Rotrock springt und flüchtet in Richtung des Flüsschens. Rolf schießt zwei Mal ... leider vorbei. Daraufhin schlägt Reineke einen Haken und flüchtet, den Schnee hoch aufwirbelnd, 15 Meter vor mir nach rechts. Das Anbacken und der hingeworfene Schuss sind eins. Schon ist der Fuchs in einer Hecke verschwunden.

»Er liegt«, ruft Rolf.

Ich bin mir jedoch nicht sicher. Nachdem Anna aus dem Bau gekommen ist, mache ich mich zusammen mit ihr auf die Suche. Alles gut: Kaum zehn Meter hinter der Hecke findet die passionierte Teckelin den Räuber am Hang eines kleinen Hügels, kaum sichtbar im tiefen Schnee.

Mit zwei Füchsen in den Rucksäcken machen wir uns auf zum nächsten Bau. Der ist zwar, wie Annas zweijähriger Sohn Charly eindeutig feststellt, nicht befahren, aber das macht nichts. Wir sind bester Laune, denn in den beiden nun folgenden Bauen haben bei der Jagd in den vergangenen Jahren immer Füchse gesteckt.

Frau Holle legt eine Pause ein, es hört auf zu schneien. Gegen elf Uhr erreichen wir den »Käsebau«. Er heißt nicht so, weil es sich nicht lohnt, den Teckel einschliefen zu lassen, sondern weil er mit seinen vielen Röhren einem Schweizer Käse ähnelt. Wieder kommt Anna zum Zug. An drei Öffnungen hält sie sich nur kurz auf, an der vierten schlieft sie ein. Hier ist jemand zu Hause!

Lange Zeit tut sich nichts, dann jedoch hören wir giftigen Standlaut und schwaches Rumpeln. Sofort gehen wir in Voranschlag, denn der Fuchs kann jederzeit springen. Weil ich eine Brille trage, und es wieder zu schneien beginnt, mache ich mir Sorgen. Wenn die Gläser zu sehr beschlagen, kann ich nicht schießen. Nichts passiert. Reineke will seinen Kessel nicht verlassen. Waren wir zu laut, als wir uns angestellt haben? Ganz sicher nicht. Wir sind nicht zum ersten Mal auf der Baujagd. So ein Mist.

Nein, kein Mist: Als ich gerade die Brille vom Kopf nehme, um die verschneiten Gläser mit einem Tuch zu säubern, fährt ein starker Fuchs aus der Röhre. Rolf schießt und trifft. Sich zwei Mal überschlagend, knallt der Rote gegen den Stamm einer Erle und versinkt verendet im Schnee. Schon ist Anna bei ihm und beutelt ihn. Jetzt haben wir drei.

Weil der nächste Bau nicht befahren ist, machen wir eine Pause, essen die mitgebrachten Brote und trinken Kaffee aus der Thermoskanne. Die Hunde bekommen Wasser, Kaffee mögen sie nicht. 14 Uhr, jetzt müssen wir uns beeilen, denn Wintertage sind kurz.

Der Bau, an dem wir nunmehr unser Glück versuchen, befindet sich am Rand einer Fichtenschonung. Er hat lediglich zwei Röhren. Jetzt schlägt Charlys große Stunde. Ohne zu zögern, ohne uns eines Blickes zu würdigen, verschwindet er in der links vor mir liegenden, engen Röhre. Er geht wohl davon aus, dass wir bereit sind.

Nur eine Minute später ertönt dumpfer Standlaut. Charly hat gefunden! Energisch scheint er den Widersacher förmlich anzubrüllen: »Mach, dass du rauskommst!«

Ruhe. Die Ruhe vor dem Sturm. Wir kennen es. Schon schiebt sich ein relativ kleiner Fuchs aus dem Rohr. Weil wir uns nicht bewegen, entschließt er sich zur Flucht. Aber er kommt nicht weit. Rolfs Schrote sind tödlich, lassen ihn durch den Schnee den Hang hinunterrollen. Kaum, dass der Rote liegt, wird er schon von Charly gebeutelt. »Das ist meiner. Ohne mich hättet ihr ihn nie gekriegt!«

Recht hat er. Fuchs Nummer vier. Einen Bau schaffen wir noch.

Kurz nachdem wir uns so leise wie möglich angestellt haben und Anna eingeschlieft ist, ertönt giftiger Laut. Reineke steckt! Ich entsichere die Flinte und gehe in Voranschlag. Und schon schießt aus der Röhre vor mir ein Feuerschweif. Ich schwinge mit und habe das richtige Timing. Der rote Freibeuter überschlägt sich, seine gen Himmel gerichteten Läufe zucken noch kurz, dann fällt er in sich zusammen.

Keine Ahnung warum, aber ich bleibe mit der Flinte im Voranschlag, um noch einige Sekunden abzuwarten. Richtig so, denn urplötzlich steht der »erlegte« Fuchs wieder auf und will sich aus dem Staub machen. Wahrscheinlich haben ihn ein paar Schrote nur kurzzeitig betäubt. Als der Räuber zum Abschiedsgruß seine Standarte im Kreis schwenkt – das sichere Zeichen dafür, dass er nicht tödlich getroffen ist –, drücke ich erneut ab und bin erleichtert. Er liegt. Ein letztes Mal noch zuckt der starke Rüde mit der Lunte. Was mich besonders freut: Der »Rotfuchs« ist nicht rot, sondern eher goldfarben. Gold – ich bin auf Gold gestoßen!

Fünf Füchse mit fünf prächtigen Winterbälgen haben wir erlegt. Einer der besten Baujagdtage, die ich je zusammen mit Rolf erlebt habe. Erst jetzt bemerken wir, dass es wiederum Kohlweißlinge schneit. Na und? Wir sind ja nicht aus Zucker.

Charly aber ist ein rechter Showman! Kaum hat er auf dem Rückweg zum Wagen fünf Meter hinter sich gebracht, stoppt er und schüttelt sich den Schnee von den Läufen. Die Prozedur wiederholt sich mehrmals. »Das Getue kann ich ihm einfach nicht abgewöhnen«, erzählt Rolf. »Wenn die Jagd vorbei ist, wird er zur Mimose.«

Kurze Begebenheit am Rande: Während wir in der Gaststätte eine Kleinigkeit essen, gesellt sich ein Bekannter von Rolf zu uns. Er ist seit zwei Monaten glücklich geschieden. »Vor einer Stunde«, sagt er, war er bei seiner Ex, um etwas zu besprechen. »Das Erste, was sie sagte, nachdem sie die Tür geöffnet hatte, war: ›Was hast du denn an?«

»Und, was hast du geantwortet?«, frage ich.

»Das, was ich will!«

Herrlich! Was hast du denn an? – Das, was ich will! In der Tat: Glücklich geschieden.

Schon seltsam: Manche Menschen behandeln ihre Ehepartnerin oder ihren Ehepartner wie ein Kleinkind. Selbst wenn er oder sie einen Konzern mit 1000 Mitarbeitern leitet. Als sich der gute Mann schließlich verabschiedet, gibt er den lustigen, gut gelaunten jungen Männern an der Theke noch einen Rat: »Heiratet spät. Dann dauert es nicht so lange!« Rolf hält sich den Bauch vor Lachen ...

In letzter Sekunde

Junge Waidfrauen und Waidmänner kennen ihn wohl kaum, den Evergreen »Es hängt ein Pferdehalfter an der Wand« von Bruce Low. Mir jedoch geistert er gerade im Kopf herum, denn auch in meinem Jagdzimmer hängt etwas an der Wand, das mir unendlich viel bedeutet. Es ist die Leine, die ich als Erinnerung an meinen Drahthaar Hatz aufgespart habe: »Es hängt 'ne Hundeleine an der Wand!« 16 Jahre, 8 Monate und 16 Tage hat »Hatzibatzi« der ganzen Familie nur Freude bereitet. Unter Menschen würde man sagen, »ein äußerst angenehmer Zeitgenosse«.

Eines Tages Anfang August zum Beispiel, daran erinnere ich mich in allen Einzelheiten, bin ich mit Hatz auf der Bockjagd. Im Revier angekommen, lege ich ihn unter dem Hochsitz ab, baume auf und mache mich fertig. Zwar habe ich in diesem Bereich während der vergangenen Tage nur weibliche Stücke und einen Jährling gesehen, aber mit ziemlicher Sicherheit ist auch ein älterer Abschussbock nicht weit, denn noch brunftet das Rehwild. Ich lasse mich überraschen. Wie spät ist es? 18.15 Uhr. Der aufkommende Wind spielt mit dem goldenen, nahezu reifen Getreide auf dem Feld vor mir und jagt die tiefhängenden dunklen Wolken nur so über den Himmel. Als ich mit dem Fernglas die erste Runde vollziehe, sehe ich keine Blume, keine Lunte und erst recht keinen Spiegel, aber das habe ich auch noch nicht erwartet.

40 Minuten später dann lässt sich Rehwild blicken. Eine Ricke mit zwei Kitzen sowie ein Schmalreh. Völlig vertraut beginnen sie 140 Meter entfernt zu äsen. Das Schmalreh ist anhänglich, lässt sich nicht vertreiben von der Ricke. »Ich bin es doch, deine Tochter!«

19.30 Uhr: Völlig unvermittelt steht, wie hingezaubert, ein Bock 120 Meter entfernt am Waldrand. Das Spektiv gibt Aufschluss: Etwa 15 Zentimeter lange, dünne, kaum vereckte Stangen. Zwei bis drei Jahre alt. Der passt. Er scheint von Beruf Schauspieler zu sein. Tut so, als sähe er die Damen in seiner Nähe nicht. Aber klammheimlich nähert er sich der Schmalen von hinten, und schon beschlägt er sie. Was mich wundert: Das Schmalreh steht wie ein Baum. Scheint nicht das erste Rendezvous der beiden zu sein.

Ich mache mich fertig, schieße jedoch noch nicht, denn der Bock zieht plötzlich und völlig unerwartet in Richtung einer Dickung. Die befindet sich zwar lediglich 80 Meter von mir entfernt, aber er verhofft nicht. Wenn er untertaucht, war's das. Das Kreuz des Absehens auf dem Blatt mitziehend, freue ich mich, dass der Bock unmittelbar vorm Einstand nochmal breit verhofft. Jetzt gilt es.

Buchstäblich in letzter Sekunde zerreißt das Donnern der Büchse die Gegenwart, und die Erinnerung beginnt. Der Schlag des Gewehrkolbens während des Schusses auf mein rechtes Schulterblatt ist heftig. Das wird ein blauer Fleck. Was soll's. Der Bock liegt. Ich kann ihn sehen.

Als ich nach den obligatorischen zehn Warteminuten abbaume, erhebt sich Hatz und schaut mir mit vorgestrecktem Kopf sekundenlang tief in die Augen: »Hast du ihn?«

Ich kenne meinen Hund. »Ja, ich habe ihn.« Hatz scheint zu lächeln.

Schon machen wir uns auf den Weg zur Beute. Verdammt. Dornenbewehrte Zweige schlagen mir ins Gesicht, reißen mir die Brille von der Nase, zerkratzen den linken Oberarm und das rechte Bein. Ein halb vermoderter Ast im hohen Gras bringt mich zu Fall ... Besorgt schaut mich Hatz an. »Bist du verletzt?«

»Nee. Alles gut, mein Hund!«

Seltsam. Erst jetzt beginnt mein Puls zu rasen. Immer dasselbe. Ein eiskalter »Killer« werde ich nie. Aber wo ist meine Brille? Ohne sehe ich alles um mich herum nur verschwommen. Ich knie mich nieder, achte darauf, sie nicht zu zertreten, und beginne den Boden vorsichtig mit den Händen abzutasten. Allerdings fünf Minuten ohne Erfolg, sodass ich bereits etwas unruhig werde. Irgendwo muss sie doch liegen. Dann jedoch tue ich, im wahrsten Sinne des Wortes, einen Glücksgriff und halte sie triumphierend in die Höhe. Schwein gehabt! Ich kann wieder seh'n!

Als Hatz und ich den Bock erreichen, freue ich mich. Ein richtig guter Abschussbock. 17 Zentimeter lange, dünne, schwach vereckte Stangen. Höchstens vier Jahre alt. »Einen besseren gibt es nicht«, sagt Freund Klaus, als ich ihm Tage später beim Kaffee in der Stadt ein Foto zeige.

»Jo«, antworte ich. Damit ist alles gesagt.

Uwe und seine Aida

Uwe ist traurig. Seine Kurzhaarhündin Dunja ist im Alter von 14 Jahren gestorben. Eine passionierte Partnerin, die ihm ihr ganzes Leben lang nicht von der Seite wich. Dunja war bereits die sechste Hündin, die Uwe in den vergangenen 50 Jahren, wie alle anderen vierläufigen Jagdhelfer auch, persönlich durch die Prüfungen führte. Nun jedoch gibt es ein Problem: Uwes Frau ist schwer krank und wird seit Jahren aufopferungsvoll von ihm gepflegt, sodass er beim besten Willen keine Zeit für die Ausbildung eines jungen Hundes hat.

Uwe ohne Hund? Undenkbar. Ohne einen vierläufigen Jagdfreund geht er nicht ins Revier. Das war schon immer so und wird auch ewig so bleiben. Deshalb legt sich Uwe, er ist als Nachfolger seines Vaters seit vielen Jahren Kreisjägermeister, zum ersten Mal eine fertig ausgebildete Kurzhaarhündin zu. Ihr Name: Aida. Auf der VGP erreicht sie stolze 334 Punkte.

Als Uwe sie vom Ausbilder in Nordrhein-Westfalen abholt, macht es sofort »Klick«. Aida springt wie selbstverständlich hinten in seinen Wagen und macht es sich auf der Decke im Korb gemütlich. Als hätte sie nur auf Uwe gewartet! Liebe auf den ersten Blick nennt man es wohl.

Ich nehme es vorweg. Uwe und Aida: Synonyme für eine außergewöhnliche Freundschaft. Unglaublich, was schon auf der ersten gemeinsamen Pirsch durch Uwes Revier geschieht. Als hätten sie bereits viele Jahre zusammen gejagt, reagiert Aida auf jedes Handzeichen ihres neuen Herrn. Kein Pfeifen, kein Trillern! Brüllen erst recht nicht. Alles klappt genauso wie prophezeit. Wenn jemand mit einem Jagdhund umgehen kann, dann Uwe. Nur zu oft habe ich erlebt, dass hervorragend ausgebildete Jagdhelfer, wenn sie in »ungeschickte Hände« gerieten, bereits nach wenigen Wochen »versaut« waren ...

Ende Dezember sind Uwe, Richard und ich in Richards Revier im »Wilden Lande« am Stadtrand von Emden auf der Streife: Hasensylvester! Die Hauptperson jedoch ist Aida. Auf jedes Handzeichen von Uwe achtend, sucht sie in gekonnter Quersuche die erste Wiese ab und steht bereits Minuten später vor. Nachdem Uwe den Hasen aus seiner Sasse hochgemacht und in einer Entfernung von 30 Metern erlegt hat, gibt er Aida das Zeichen zum Apportieren. Weil die Hündin während ihrer Ausbildung jedoch bisher nur Karnickel bringen musste, tut sie sich ein wenig schwer. »Ganz schön dick, das ostfriesische Kaninchen.«

Als Richard einen weiteren Krummen rollieren lässt, sieht die Sache allerdings schon wesentlich besser aus: Erhobenen Hauptes bringt Aida die Beute! Und bereits beim dritten Langohr apportiert sie, als hätte sie nie etwas anderes getan.

Auch während der Nachsuche auf einen angeschweißten Rehbock im Mai des Folgejahres gibt sich Aida keine Blöße. Weil der Schütze nicht ganz perfekt abgekommen ist, springt der Bock mit krummem Rücken ab. Uwe sitzt nicht weit entfernt auf einer Leiter und vernimmt keinen Kugelschlag, weshalb er von einem Waidwundschuss ausgeht. Am vermeintlichen Anschuss setzt er Aida an und wundert sich, dass sie faselt. Irgendetwas stimmt da nicht. Nun ist sich auch der Schütze seiner Sache nicht mehr ganz so sicher. Daher lässt Uwe Aida frei suchen. Mit Erfolg. Der Anschuss befindet sich erst 25 Meter geradeaus weiter. »Grüner Spinat!« In der Tat: ein Pansenschuss. Jetzt heißt es warten. Bei einem Pansenschuss wird nicht sofort nachgesucht. Erst mal krank werden lassen, den Bock.

Vier Stunden später: Uwe legt Aida den Schweißriemen an und folgt seiner Hündin, die langsam und zielsicher in aller Seelenruhe über Stock und Stein durch zum Teil dichten Busch zieht. Immer wieder verweist sie ein wenig Panseninhalt. Und dann, nach etwa 150 Metern, steht sie plötzlich wie angewurzelt vor. Sie hat ihn, den Bock. Er liegt. Ist bereits verendet! Unendlich dankbar nimmt der jetzt hinzugekommene Schütze den Erlegerbruch entgegen und mag gar nicht aufhören, Aida abzuliebeln.

Ende Juni. Uwe sitzt bereits um 19 Uhr in seinem Revier auf der Leiter und versucht, einen Fuchs zu erlegen, der seit Tagen in diesem Bereich herumwuselt. Direkt unter dem Hochsitz legt er Aida ab. Alle paar Minuten dreht er mit dem Doppelglas Runden über die Wiesen, Felder und Baumreihen, aber noch ist nichts zu sehen. Nicht weit entfernt fällt ein Kuckuck in einer Schwarzerle ein und teilt seinen Mitbewohnern neun Mal nacheinander lautstark mit, wie er heißt: »Kuckuck!« Im Teich zetern Blesshühner. Es hört sich an wie keifende Frauen, und im etwas weiter entfernten Graben fallen Stockenten ein …

Aber dann, gegen 20.30 Uhr, kommt Bewegung in die Sache. Wie auf Kommando und Phönix aus der Asche stehen urplötzlich sieben Rehe an verschiedenen Stellen und beginnen zu äsen. Eine Ricke mit zwei Kitzen, ein Schmalreh, zwei schwache Jährlinge sowie ein bekannter vierjähriger schwarzer Bock mit prächtigem Sechsergehörn. Letzterer jedoch hat nichts zu befürchten. Zu jung. Und wenn es dann in zwei, drei Jahren soweit ist, sowieso erst, wenn er völlig verfärbt hat. Auch die beiden schwachen Jährlinge haben Glück. Auf eine Entfernung von 200 Metern schießt Uwe kein Rehwild.

Ein Habicht! Etwa 50 Meter entfernt fliegt er schnurstracks zu seinem Horst. In den Fängen hat er etwas Großes. Was er geschlagen hat, ist nicht zu erkennen. Schließlich wird es langsam dunkel und Uwe ist auf alles gefasst. Der Fuchs kann jederzeit kommen.

So ist es. Im allerletzten Licht hat er den Roten etwa 100 Meter entfernt vor einem Schilfgürtel im Fernglas. Fast lethargisch steht er scheibenbreit da. Fünf Sekunden später knallt es, und Uwe kann aufgrund der Dunkelheit gerade noch erkennen, dass Reineke zeichnet. Erst als er die Sprossen der Leiter hinuntersteigt, erhebt sich Aida und wartet auf das Kommando zu suchen.

»Dahinten, in Richtung der Windmühle, da muss er liegen«, weiß Uwe. Schon macht sich seine Hündin zielstrebig auf den Weg. 15 Minuten später steht Aida mit dem Rüden im Fang vor ihm und gibt die Beute aus. Ja, was ist denn das? Im Fang des Roten steckt ein junger erbeuteter Kiebitz. Sachen gibt's!

14. Januar. Gegen Abend in Uwes Revier geht es auf Graugänse. Bei noch gutem Licht stellen wir uns vor einem kleinen See im Abstand von 25 Metern nahezu unsichtbar an und versuchen unser Glück auf die wohlschmeckenden Wasservögel. Uwe und Aida sowie Thomas, dessen Deutsch-Stichelhaar Cathy und Thorsten haben sich links von mir verschanzt, Richard rechts. Ebenfalls mit von der Partie ist Frieda. Sie will die Jägerprüfung machen und hat gefragt, ob sie mitkommen dürfe, um etwas Praxiserfahrung sammeln zu können. Aber ja!

Das Wetter? Bedeckt. Nur gelegentlich nieselt es etwas. Ab und zu lässt sich sogar der fast volle Mond blicken. Wir haben Glück. Erfreulich früh beginnt der Gänsestrich. 15 Minuten lang segeln zahlreiche Graue etwa 40 Meter hoch über uns hinweg, bleiben jedoch unbeschossen. Zu weit. Danach allerdings geht ihnen der Sprit aus, und sie senken die Flughöhe. Die ersten Schrote gehen auf die Reise.

Aida, das kann ich von meinem Platz aus erkennen, äugt unaufhörlich in die Luft. Bekommt genau mit, wo die getroffenen Wasservögel in unmittelbarer Nähe der Schützen auf die vorgelagerte Wiese fallen. Kein Problem für sie und Cathy, die Beute nach Beendigung der Jagd zu apportieren.

Verdorri – die nächste beschossene Gans scheint ausgesprochen hart im Nehmen zu sein. Trotz eines guten Schusses segelt sie 120 Meter weiter und flattert dann, einem abstürzenden Flugzeug ähnlich, in die im wahrsten Sinne des Wortes »wilde Wildnis« am See. Wieder ist Aida gefragt. Und sie macht ihre Sache, wie immer, souverän. Gerade mal 15 Minuten dauert es, da öffnen sich nicht weit von Uwe entfernt die Schilfhalme, und mit der Gans im Fang tritt sie ins Freie. Ein Bild wie gemalt. Uwe ist stolz wie Oskar. Kann er auch sein, denn das war eine extrem schwierige Nachsuche.

Als Richard zu guter Letzt eine Gans beschießt, die nicht weit entfernt ins Unterholz hinter ihm taumelt, lässt Uwe Aida sofort suchen. Ich weiß, ich wiederhole mich, aber sie ist einfach nur großartig, die Hündin. Zielstrebig nutzt sie jede auch noch so kleine Lücke am unteren Ende der dicht bewachsenen Böschung, findet die noch lebende Gans, fasst zu und schleppt sie hoch. Gar nicht so einfach, denn die Graue wiegt mehr als fünf Kilo. Teamwork in Vollendung: Uwe rutscht Aida entgegen, greift die Beute und fängt sie ab. Wieder oben angekommen, streichelt er seinen Hund und überreicht dem Schützen die Gans: »Waidmannsheil!«

»Waidmannsdank«, antwortet Richard und ist voll des Lobes über Aidas Nachsuche. »Ohne sie, hätten wir die Gans nie bekommen!«

Auch Frieda ist begeistert, hat gleich zwei spektakuläre Nachsuchen miterlebt. Spätestens seit diesem Tag ist Aida eine richtige Ostfriesin. Kennt sich mehr und mehr aus mit allem, was in diesem herrlichen Fleckchen Erde bejagt werden darf.

Richards Flugplatz-Bock

Seit vielen Jahren schon, ich erwähnte es bereits, helfe ich Richard bei der Bewirtschaftung seines Reviers »Zum wilden Lande« am Stadtrand von Emden. Und in jedem Jahr hat er seinen Bock bekommen. Im vergangenen Jahr allerdings ist einiges schiefgelaufen. Richard wurde krank und verpasste die gesamte Blattzeit. Erst Ende Oktober war er wieder fit, aber da war es bereits zu spät. Der Bock, den ich mehrmals fotografierte, der, den Richard gern erlegt hätte, war verschwunden. Wohin? Keine Ahnung. Augenscheinlich hatte er einen zweiten Wohnsitz, der Herr.

Neun Monate später, es ist Mitte Juli, erlegt Richard einen braven ungeraden Sechser und freut sich sehr. Aber damit die Buchführung wieder stimmt, beschließt er, ausnahmsweise einen zweiten Bock zu erlegen. Und zwar den, der sich monatelang verdünnisiert hat. Mitte September ist er jedoch zu unserer großen Freude wieder im Revier aufgetaucht.

Gut sieht der dickstangige Sechser mit zwei abgebrochenen Spitzen aus, wie die neuen Fotos, die ich in der Nähe des Emder Flugplatzes mit dem 300er-Tele schieße, beweisen. Mindestens sechs

Jahre alt ist er. Augenscheinlich ein Haudegen. Sicher hatte er während der Blattzeit Zoff mit der Konkurrenz.

Es ist der 13. Oktober, als Richard, mittlerweile zum dritten Mal, versucht, den Schlaumeier zu erwischen. Nachdem wir den Wagen geparkt haben, pirscht er zur drehbaren Aluleiter, ich zum 300 Meter entfernten Sitz. »Wenn dir ein Bock kommt, der dir gefällt«, sagt Richard, »schieß ihn.«

»Okay. Danke. Waidmannsheil«

»Waidmannsheil«.

Wie spät ist es? Mein Handy sagt es mir: 17 Uhr. Die Armbanduhr habe ich zu Hause gelassen. Fast hätte ich sie eine Woche zuvor beim Wechseln der Speicherkarten aus den Wildkameras verloren. Nur durch Zufall fand ich sie im grünen Gras wieder. Ganz langsam pirsche ich von der Straße aus links an einem riesigen Brombeerbusch vorbei, um ungesehen auf den Sitz zu gelangen. Es klappt. Ich habe nichts vertreten.

Etwa 250 Meter entfernt hoppeln drei Hasen. Und schon geht's rund. Als ich genau hinschaue, bin ich sicher, dass zwei Rammler eine »unpässliche« Häsin attackieren. Ganz schön spät. Wir haben Oktober! Sie mag nicht, die Hasendame. Ob das noch was wird mit weiterem Nachwuchs in diesem Jahr? Wir werden sehen.

Kaum 150 Meter entfernt stochern vier Saatkrähen in der Wiese nach Nahrung. Leuchtend weiß ihre Schnäbel. Ich muss schmunzeln. Einige Tage zuvor fragte mich meine damals achtjährige Enkelin Neele, ob ich den Unterschied zwischen Rabenkrähe, Saatkrähe und Dohle kenne. Sie hätte es in der Schule erklären müssen: »Saatkrähen haben helle Schnäbel, Rabenkrähen schwarze. Dohlen sind kleiner und haben einen grauen Kopf.« Wer solche Enkel hat, kann sich glücklich schätzen.

Dann jedoch zucke ich regelrecht zusammen, erstarre zur Salzsäule. Kaum 100 Meter entfernt stehen direkt neben einem Stacheldrahtzaun auf der Wiese urplötzlich zwei Rehe und äsen. Ich kann das Fernglas baumeln lassen, sehe auch so, dass es sich um einen Bock mit seiner Begleiterin handelt. Richards Bock, ganz sicher! Was tun?

Erstmal gar nichts, denn die Ricke äugt an mir vorbei in Richtung Straße. Mich scheint sie zu ignorieren. Erst als der Motorradfahrer, der von rechts angerast kommt, mit laut knatterndem, offensichtlich defektem Auspuff um die Ecke biegt, senkt sie das Haupt und mampft weiter. Den Bock scheint das alles nicht zu interessieren. Fast in Zeitlupe bewege ich mich rückwärts und schaffe es nach nicht einmal fünf Minuten, mich hinter den Brombeerbusch zu retten. Geschafft.

Mit strammen Schritten eile ich zur Leiter, auf der sich Richard befindet. Wie ein Indianer schleiche ich mich von hinten an und freue mich, dass er erschrickt, als er mich sieht. »Richard, dein Bock steht vor der anderen Leiter!«

»Oh!«

Richard hat Rücken, heftigen Rücken, wie Hape Kerkeling alias Horst Schlämmer, stellvertretender Chefredakteur beim Grevenbroicher Tagblatt, sagt. Aber das scheint er völlig zu vergessen. Urplötzlich ist er wieder richtig jung, als hätte sich der Rost an den Knochen und Gelenken gelöst. Wie in jungen Jahren hüpft er von der Leiter und packt seine Sachen. Auf geht's.

Kurz vorm Brombeerbusch verschnauft Richard und schickt sich dann an, ungesehen auf die zehn Meter von der Straße entfernte Leiter zu kommen. Ausgesprochen geschickt. Über 60 Jahre Erfahrung! Ich bleibe in der Nähe und hoffe, dass er zu Schuss kommt. Kontinuierlich tropfen die Sekunden ins Meer der Ewigkeit ... Zehn Minuten später knallt es. Krawumm! Wenn ich mich nicht irre, gefolgt von dumpfem Kugelschlag. Innerlich jubelnd bin ich guter Hoffnung, dass alles geklappt hat, denn Richard ist ein exzellenter Schütze, seine Blaser .30-06 mit achtfachem Zeiss-Zielfernrohr eine zuverlässige Büchse. Es fällt mir schwer zu warten, aber ich tue es. Schon klingelt das Handy. Es ist Richard: »Du kannst kommen!« – Ich hab's gewusst!

Welch Freude. Selbst nach mehr als 60 Jahresjagdscheinen leuchten Richards Augen, zittern seine Hände. »Der Bock war bereits 180 Meter entfernt«, berichtet er. »Aber ich bin gut abgekommen. Er zog zwar schwerkrank noch ein paar Meter weiter bis zum Graben, wo er von der Bildfläche verschwand, aber ich bin sicher, dass er liegt.«

»Ich hole ihn«, antworte ich, und ziehe los, denn Richard hat wieder Rücken.

Per Handzeichen bedeutet mir der Jagdfreund, wo der Bock liegen muss. Aber noch sehe ich ihn nicht. Etwas mehr links! Okay. Noch mehr links und geradeaus! Okay. Da ist er ja! Bis aufs Haupt im Wasser des Schlots versunken, umrahmt von »Aantjeflott«, Entengrütze. Was für ein Anblick. Ich schaue zurück zu Richard, hebe die rechte Hand und winke. Heißt: »Alles ist gut.« Leise murmelnd sage ich zu mir selbst: »Wir haben ihn!«

Natürlich bekomme ich nasse Füße, als ich vom Grabenrand nach unten ins Wasser rutsche, um die Beute zu bergen. Aber das ist mir, gelinde gesagt, völlig wurscht. Scheißegal – sorry, ist mir so rausgerutscht. Mit der Bergehilfe am Träger ziehe ich den Bock langsam und so schonend wie möglich triumphierend über das vom Landregen feuchte Gras der Wiese Richtung Straße und freue mich mindestens genauso wie Richard über die spannende Geschichte.

Beim Aufbrechen des hochinteressanten alten Bocks stellen wir fest, dass Richard auf die Entfernung von 180 Metern mitten durchs Herz geschossen hat. Wieder ist ein Jagdtag zu Ende, der Fährten hinterlässt! Heute fahren wir nicht mit leerer Wildwanne nach Hause.

Der Weihnachts(baum)hase

Seit drei Wochen schon versuche ich einen Weihnachtshasen zu erlegen. Absolut erfolglos. Immer kommt irgendetwas dazwischen. Selbst als ich mich am Pass ansetze, zeigt mir Mümmelmann den Stinkefinger.

18. Dezember: Erika hat einen Weihnachtsbaum ohne Wurzeln gekauft und bittet mich, ihn im Ständer festzuschrauben. Schmücken würde sie ihn allein. Sie hat ihre Gründe ...

Verdammt. Das Ende des Stammes ist zu dick. Passt nicht in die Öffnung des Ständers. Kein Problem, denke ich und säge 20 Zentimeter vom Stamm ab. Jetzt müsste es gehen. In der Tat. Es geht. Aber Mist, die beiden Zweige ganz unten sind entschieden zu lang. Das sieht nicht gut aus. Ich säge sie ab, bin jedoch immer noch nicht zufrieden. Irgendwie sitzen alle Zweige der Edeltanne zu dicht aufeinander. Kaum Platz für die Kerzen. Die Lösung: Ich säge von unten nach oben jeden zweiten Zweig ab. »Ausdünnen, nennt sich das«, erkläre ich Erika.

Oh. Ich glaube, ich habe es ein wenig übertrieben ... Schön sieht anders aus. Erika schlägt die Hände überm Kopf zusammen, ist, gelinde gesagt, entsetzt. »Oh mein Gott! Du Waldheini!« Jawohl. Sie sagte »Waldheini!« zu mir. »Der Baum kommt mir nicht ins Wohnzimmer. Die Enkelkinder fangen an zu weinen, wenn sie ihn sehen. Geh in den Wald und hole einen neuen!«

Au weia. Nun denn. Befehl ist Befehl. Ich beuge mich dem Willen der Obrigkeit, gehe »gramgebeugt« in die Garage und fahre den Wagen auf die Einfahrt. Dann packe ich Axt und Säge in den Kofferraum und ... Habe ich nicht etwas vergessen? Ja klar. Die Flinte. »Hase kann immer kommen«, rufe ich Erika zu, und lege den ersten Gang ein.

Mein holdes Weib schüttelt mit dem Kopf. »Oh, mein Gott!«

Im Revier angekommen, finde ich schon bald einen passenden Baum, fälle ihn und binde ihn auf dem Dachgepäckträger fest. Wie spät ist es? 15 Uhr. Genügend Zeit, mein Glück auch auf den Weihnachtshasen noch zu versuchen. Zehn Minuten später sitze ich gut getarnt 20 Meter vom Pass entfernt und rühre mich nicht mehr. Mal schau'n, ob sich Meister Lampe blicken lässt.

Nichts passiert. Außer, dass der Sekundenzeiger meiner Armbanduhr unaufhörlich und kompromisslos seine Runden dreht. Kein einziger Hase in Sicht. Wochenlang liefen sie mich fast um, jetzt jedoch, wo ich ihnen an den Balg will, glänzen sie durch Abwesenheit.

Endlich. Als es zu dämmern beginnt, lässt sich tatsächlich einer aus der Familie der Langohren blicken. Noch ist er 40 Meter entfernt, hoppelt jedoch immer näher. Weil er mir, schließlich sogar in Schrotschussentfernung, urplötzlich nur sein Hinterteil präsentiert, bleibt der Finger gerade. Drei Sekunden später verdrückt sich der potenzielle Braten ins Gebüsch und bleibt verschwunden. Ich bin erschüttert.

Hoffnung! Kurz darauf erscheinen am Rand der vorgelagerten Wiese gleich zwei Krumme und beginnen in einer Entfernung von

50 Schritt zu mampfen. Natürlich viel zu weit für einen Schrotschuss. Statt sich mir zu nähern, entfernen sie sich. Hätte ich doch nur die Hornet mitgenommen.

Nachdem die Sonne hinter den Fichten am Horizont untergegangen ist, zieht Rehwild durch den Bestand. Kaum 50 Meter entfernt kann ich es ansprechen. Eine Ricke mit Rickenkitz sowie ein junger Bock. Aber dann, wie aus dem Nichts, steht urplötzlich ein dicker Hase 25 Meter vor mir mitten auf dem Pass, macht einen Kegel und sichert nach allen Seiten. Dabei dreht er den Hals wie eine Eule. Ich hebe die Flinte an die Schulter und ... »Bö, bö, böböbö!«, schreckt die Ricke. Weg ist der Hase. Wieder bin ich erschüttert.

Aber da! In Schrotschussentfernung hoppeln wiederum zwei Langohren zum Abendbrot auf's Freie! Jetzt aber, bloß nicht mehr lange fackeln! Es ist keine Kunst, den größeren der beiden zu erlegen. Die dreieinhalb Millimeter dicken Schrote lassen ihn augenblicklich verenden. Schneeweiß leuchtet mir seine Unterwolle entgegen. Endlich: Der Weihnachtsbraten ist gesichert.

Ein wenig stolz bin ich schon, als ich bei Eilts in der Hansastraße in Emden klingle und Erika mit verstellter Stimme über die Gegensprechanlage mitteile, ich wäre ein Jäger und solle hier einen Weihnachtsbaum sowie einen Hasen abgeben. »Torfkopp!«, sagt sie, und drückt auf den Türöffner.

»Übrigens«, fährt sie fort, als ich die kostbare Beute in der Garage im Wildkühlschrank aufhänge, »ab sofort fasst du die Tanne nicht mehr an. Das ist jetzt Chefsache!«

Nächstes Jahr, das nehme ich mir ganz fest vor, kaufe ich einen Weihnachtsbaum mit Wurzeln. Der darf auf keinen Fall »misshandelt« werden, weil ich ihn nach Silvester, sobald es die Witterung erlaubt, im Revier einpflanzen will ...

In himmlischen Revieren

Ich habe schlecht geschlafen. Sehr schlecht sogar. Ich träumte, ich wäre gestorben. In einem schnittigen, mit schwarzen Ledersitzen ausgestatteten Raumschiff sitzend, geht es in unfassbarer Geschwindigkeit auf einem Lichtstrahl Richtung Himmel. Wie war das noch? Ein Lichtstrahl kann die Erde in jeder Sekunde sieben Mal umrunden! Albert Einstein und Stephen Hawking hatten wohl Recht mit ihren Erkenntnissen.

Ich bin nicht allein. Sicher mehr als 500 Personen, die ebenfalls alle das Zeitliche gesegnet haben, befinden sich an Bord. Immer greller wird das Licht, und ehe wir uns versehen, landen wir bereits vor dem Himmelsstor. Wir müssen das Raumschiff verlassen und uns beim Empfangskomitee melden. Einer nach dem anderen. Ähnlich der Passkontrolle im Flughafen auf Erden. Dazu stellen wir uns der Reihe nach auf und warten. Unterdessen düst die Rakete, natürlich wieder auf einem Lichtstrahl, zurück zur Erde. Wohl, um die nächste Fuhre Verstorbener abzuholen.

Als ich an der Reihe bin, schaue ich den alten Mann mit dem mächtigen weißen Bart nur kurz an und weiß sofort, dass das Petrus, der Schutzpatron der Angler ist. Die wunderschöne Frau neben ihm, auch da bin ich mir sicher, muss Diana sein, unsere Jagdgöttin.

Ich sage: »Moin Petrus, hallo Diana. Schön, dass wir uns persönlich kennenlernen!«

Petrus guckt ein wenig gestresst, hat wohl viel zu tun im Moment, aber Diana lächelt. »Danke für die schönen Stunden, die ich am Wasser und im Revier erleben durfte«, fahre ich fort.

Und siehe da, Petrus und Diana antworten in akzentfreiem Deutsch. »Gern. Herzlich willkommen.«

Ich fange an zu verstehen. Zuständig für Angler und Jäger müssen die beiden als Pförtner des Himmels alle Sprachen der Welt beherrschen. Und das sind immerhin über 7000! Ich hatte mir nie zuvor Gedanken darüber gemacht, aber was sollten sie tun, wenn da ein Chinese, ein Amerikaner, ein Inuk, ein Spanier, ein Deutscher oder wer auch immer vor dem Himmelstor erscheint. Nur mit Händen und Füßen gestikulierend kommt man da nicht weit. Donnerwetter, denke ich. Petrus und Diana sind ja die reinsten Fremdsprachengenies. Offensichtlich handeln sie aus organisorischen Gründen Angler und Jäger gleichzeitig ab.

»Also«, spricht Petrus, »hast du die Fische beim Angeln immer mit Respekt behandelt?«

»Ja«, antworte ich mit dem Brustton der Überzeugung. »Na, dann woll'n wir mal sehen«, sagt Petrus und winkt einen Engel herbei. »Schlag mal auf unter Angler Deutschland, D 814626748.«

»Finde ich nicht«, sagt der Engel.

»Zeig mal her«, knurrt Petrus. »Du musst nicht unter Bundesrepublik Deutschland gucken, sondern unter D wie Deutschland!« Und dann sagt er noch etwas. Etwas, das ich nicht von ihm erwartet hätte: »Torfkopp!« Hat er sicher mal bei Erika aufgeschnappt.

Petrus führt doch tatsächlich genau Buch über jeden Angler. »Du hast einmal«, fährt er an mich gerichtet fort, »in der Schonzeit einen Hecht gefangen.«

»Stimmt«, antworte ich. »Das war Anfang Januar im Trecktief bei Emden. Der hatte so tief geschluckt, dass ich ihn nicht mehr retten konnte. Und außerdem habe ich mit Tauwürmern auf Barsche geangelt. Das ist erlaubt.«

»Ja, ja«, unterbricht mich Petrus, »das kennen wir, das sagen sie alle. Na lass man, im Großen und Ganzen warst du ja ein ziemlich anständiger Kerl.«

Gleich darauf bringt er mich zum Schreibtisch von Diana, die sich sichtlich auf unser Gespräch freut. Wie soll ich sagen? Harmonie pur. War schon auf Erden so. Als wir durch sind mit dem Frage- und Antwort-Spiel, steht sie auf und will mir zeigen, wie es im Himmel so zugeht, macht mit mir einen Rundgang. Ich muss gestehen, ich bin ziemlich stolz. Das macht sie nicht mit jedem. Überall tuscheln die Leute: »Guckt mal, schon wieder ein Neuer.«

Es ist fantastisch, was ich so alles zu sehen bekomme. Unzählige Jäger sitzen in himmlischen Revieren auf Hochsitzen, Leitern und Erdsitzen und erfreuen sich an den unterschiedlichsten Wildtieren. Weil diese, genau wie die Menschen, im Himmel nunmehr unsterblich sind, können sie virtuell mit Spezialgewehren immer und immer wieder »erlegt« werden. Sie fallen um, lächeln und stehen wieder auf ... »Das, was du hier siehst«, erklärt Diana, »ist natürlich nur ein winziger Teil der himmlischen Reviere.«

Ich bin begeistert. Was für ein Leben nach dem Tod. »Sag' mal«, frage ich Diana, »gibt es hier Kantinen oder sowas? Oder brauchen die lebenden Toten keine Nahrung mehr?«

Diana lächelt. »Nee. Das mit dem Essen und Trinken ist vorbei. Mit solchen irdischen Banalitäten halten wir uns nicht auf.«

»Schade«, antworte ich: »Mein Tee mit Kluntjes und Sahne und meine Ossitorte werden mir fehlen!«

»Und die Klamotten brauchst du auch nicht mehr zu wechseln«, ergänzt Diana, »die bleiben bis in alle Ewigkeit sauber. Ein großer

Vorteil speziell für dich, hast dich ja beim Angeln und auf der Jagd sehr oft ganz schön eingesaut.« Ich muss husten ...

Dann zeigt mir Diana noch den Bereich, in dem es die Waidmänner auf Wasserwild abgesehen haben. Die himmlischen Enten und Gänse, die sie virtuell erlegen, fallen zu Boden, schütteln sich kurz und fliegen weiter ...

»Das alles kennst du ja zur Genüge aus deiner Zeit in Ostfriesland«, sagt sie. »Ich habe dir öfter über die Schulter geschaut, als du vermutest.«

»Hallo, Akki«, ruft da plötzlich jemand. Mein Freund Johann. Er ist bereits seit mehreren Jahren im Himmel. »Weißt du was«, sagt er. Wir treffen uns nachher auf dem Erdsitz da hinten.« Und im Weitergehen: »Da hat ein riesiger Rehbock seinen Einstand. Gehörngewicht über 600 Gramm!« Schon ist er weg. Ist zur Drückjagd auf Sauen eingeladen ...

Als Diana und ich weitergehen, kommen wir an ein großes glühendes Eisentor. »Das ist der Eingang zur Hölle«, erzählt sie.

Durch die Stäbe des Tores hindurch kann ich alles genau erkennen. Widerliche kleine, schwarz gekleidete Teufelchen führen die Erdlinge in einen großen Saal, wo sie auf ihre Pflichten und Rechte aufmerksam gemacht werden. Das mit den Rechten allerdings ist nicht doll. Ich wundere mich über die hohe Zahl der Übeltäter und frage Diana, was die denn so alles ausgefressen haben.

»Ist verschieden«, antwortet Diana. »Der Dicke da vorn links, der hat während der Brut- und Setzzeit eine Fuchsfähe erlegt, sodass die Welpen elendig zugrunde gingen. Der Blonde dahinter, der hat sich nie um Schonzeiten gekümmert, sogar Rehböcke im Februar geschossen. Der Lange unter dem großen Baum ganz rechts ist ein ganz schlimmer. Ein Wilddieb der übelsten Sorte. Hat auf alles rumgeballert, das sich zu Geld machen ließ. Hat das Wildbret an Gaststätten und Hotels verkauft. Der mit der Glatze da vorn tut so, als könne er keiner Fliege etwas zu Leide tun. Die Wahrheit: Mit den Schlingen, die er stellte, hat er Hunderten Tieren unendliches Leid zugefügt.«

Was für ein charakterlich waidwunder Blödmann, denke ich. »Woher weißt du das eigentlich alles?«, frage ich Diana.

»Jeder Mensch wird von Engeln und Teufeln beobachtet«, antwortet sie. »Somit sind wir immer bestens informiert.«

»Der mit dem Holzbein, was ist das denn für einer?«, will ich wissen.

»Och der«, sagt Diana, »der gehört nicht hierher. Das ist ein Schwarzangler. Der wird nachher abgeholt. Kommt in eine andere Abteilung.«

Nachdem wir unseren Rundgang beendet haben, äußere ich eine Bitte: »Diana, weißt du, wo ich meinen Hatz, meinen Drahthaar, finde?«

»Aber ja, antwortet sie. »Seit er hier ist, kommt er jeden Tag, und wirklich jeden Tag, ans Himmelstor und fragt, ob Akki Eilts aus Emden in Ostfriesland schon da ist. Ich habe ihm bereits erzählt, dass du angekommen bist, und er hat vor Freude mehr als 100 Pirouetten in der Luft gedreht. Morgen früh bringe ich dich zu ihm.«

Ich bekomme feuchte Augen und freue mich riesig auf meinen Hund, auf sein unnachahmliches Grinsen und die hellwachen, braunen, leuchtenden Augen. Unendlich dankbar nehme ich Diana ganz fest in die Arme und drücke sie. »Was für eine Freude«, stammle ich.

Genau in diesem Moment höre ich einen fürchterlichen Knall und zucke regelrecht zusammen. Ich werde wach, und der Traum verflüchtigt sich, auch wenn meine Gedanken an ihm festhalten wollen. Zunächst glaube ich, einen Büchsenschuss vernommen zu haben, aber dann begreife ich: Meine liebe Frau ist ins Schlafzimmer gekommen, um mich mit einer Tasse Tee zu überraschen. Aufgrund eines offenen Fensters und des gerade herrschenden Sturms draußen knallte die Haustür mit brachialer Gewalt zu.

»Erika, bist du es?«, stammle ich und reibe mir die Augen. Ja, sie ist es. »Puh«, entfährt es mir. »Ich lebe!«

Gleich nachdem ich mit zitternden Händen ausgiebig und mit Genuss gefrühstückt habe, setze ich mich an den Computer und beginne zu schreiben. Überschrift: »In himmlischen Revieren«.

Zu guter Letzt: Diana hat mich sehr geliebt

Nahezu waagerecht fegt mir der Herbststurm den prasselnden Regen ins Gesicht. Schon Sekunden später kann ich kaum noch etwas sehen. Die Brille ist beschlagen.

Warm eingepackt stehe ich 15 Kilometer westlich von Emden an der so genannten »Knock« und lausche den Geräuschen der herandonnernden Wellen, die der Orkan ans Ufer der Ems treibt. Wie immer nehme ich mir die Zeit, den über mich hinwegziehenden Wolken nachzuschauen und schmunzle über das nicht enden wollende Geschrei der Möwen in der Luft. Sie können es einfach nicht lassen.

30 Minuten später, nachdem sich das Wetter auf wundersame Weise gebessert hat, sehe ich, wie die glühend rote Sonne, umgeben von feurigen Flammen, langsam am Horizont versinkt. Immer wieder grandios, dieser Anblick. Laut kakelnd ziehen über 50 Gänse über mich hinweg ... Das ist sie, die Melodie des Lebens. Mein Ostfriesland. Hier begann mein Lebensweg, hier verlief er und hier soll er enden, wenn meine Zeit gekommen ist. Unter 100 allerdings, das nehme ich mir ganz fest vor, trete ich nicht ab.

Die Stunden, die man angelnd und jagend verbringt, sagt ein altes Sprichwort, werden nicht von der Lebenszeit abgezogen. Frei nach Friedrich Nietzsche, denn: »Alle Lust will Ewigkeit!« Jagd ist zwar nicht alles, aber ohne Jagd ist alles nichts!

Mit der Jagd und der Fischwaid höre ich erst auf, wenn sich das Herz weigert, weiter zu schlagen. Keine Sekunde, die ich am Wasser, im Wald, auf dem Feld, in den Bergen oder im Urwald, umgeben von Wildtieren verbrachte, möchte ich missen. Mit Fug und Recht kann ich behaupten: Diana hat mich sehr geliebt! Manchmal hat sie mich regelrecht geknutscht. Aber auch Petrus war mir wohlgesonnen.

Ich kann nicht anders. Muss raus in die Natur. Egal wie es kommt, schon jetzt bin ich traurig, dass ich irgendwann den salzigen Regen an meinen Lippen nicht mehr schmecke, den Sturm in meinem Gesicht nicht mehr spüre, der brennenden Sonne nicht mehr ausgesetzt bin, mich nicht mehr an den Blitzen während eines gewaltigen Gewitters erfreuen kann und mir aufgrund lautstarken Donnerns die Ohren zuhalten muss.

Was mir jedoch am meisten fehlen wird, ist das Zusammensein mit all den Menschen, die mir im Laufe des Lebens ans Herz gewachsen sind. Ich mag gar nicht daran denken, dass die Kinder und Enkelkinder eines Tages während meiner Beerdigung auf dem Friedhof stehen und heulen. Aber es lässt sich wohl nicht vermeiden. Nun denn.

Sicher komme ich noch ein paar Jahre mit von Stacheldraht zerrissenen Hosen, zerstochen von Mücken, nass bis auf die Haut und mit schmerzendem Rücken von der Jagd oder dem Angeln nach Hause zurück und lasse mich von Erika gesund pflegen. Ich will mich nicht beschweren.

Unendlich dankbar blicke ich zurück in die Vergangenheit. Wohl wissend: Nicht auf die Jahre in unserem Leben kommt es an, sondern auf das Leben in unseren Jahren.

Was ich anders machen würde, könnte ich mein Leben noch einmal leben? Nicht viel. Ganz sicher jedoch würde ich wieder ein Angler und Jäger werden, und auch dieselbe Frau würde ich noch einmal heiraten, nicht zuletzt in der Gewissheit, dieselben Kinder und Enkelkinder zu bekommen.

Jetzt, nachdem ich in klirrend kalter Winternacht die letzten Zeilen meiner Memoiren geschrieben habe, ist es bereits zwei Uhr morgens. Die ganze Zeit schon, ich sehe es an der hell leuchtenden Straßenlaterne vor unserem Haus, schneit es ohne Unterlass. Morgen früh werde ich Unmengen von Schnee schaufeln müssen. Das Feuer im Kamin ist erloschen, und während sich die Glut mit grauer Asche überzieht, fallen mir die Augen zu. Nur mit Mühe und großer Anstrengung kann ich sie wieder öffnen. Höchste Zeit, ins Bett zu gehen. Einen letzten Schluck von meinem geliebten schottischen Single Malt noch ... und Abmarsch. Wie sagt mein Sohn immer? »Das Leben ist zu kurz, um es mit schlechtem Whisky zu vergeuden.«

So. Genug gesabbelt. Der letzte Punkt am Ende meines fünften Jagdbuches ist getippt. Reinhard Mey drückte es in seinem Evergreen so aus: »Gute Nacht, Freunde. Es wird Zeit für mich zu geh'n ...«

Nein, nicht für immer! Noch nicht. In ein paar Stunden schon wird mich Erika, wie seit über 60 Jahren, mit den Worten »Frühstück ist fertig« wecken. Ab Mitte Juli allerdings dauert die Ansprache etwas länger: »Hopp, hopp, raus aus der Sasse. Im Sarg brunften keine Böcke!«

Der Autor

Joachim Eilts, geboren 1946 im ostfriesischen Leer, ist von Kindesbeinen an mit dem Angel- und dem Jagdvirus infiziert – schon mit vier Jahren steuerte er Fische aus den Gewässern Ostfrieslands zum Essen der Familie bei. Jäger ist er seit mehr als 50 Jahren. Seine Leidenschaften verband »Akki« Eilts bald mit dem Beruf: 25 Jahre war er Redakteur der Angelfachzeitschrift »Fisch & Fang« im »Paul Parey Zeitschriftenverlag«. Während dieser Zeit schrieb er auch zahlreiche Berichte und Reportagen für die im selben Verlag herausgegebenen Jagdfachzeitschriften »Wild und Hund«, die »Deutsche Jagdzeitung« sowie »Jagen weltweit«. Regelmäßig unternahm Joachim Eilts Jagd- und Angeltouren ins Ausland. Zu seinen weiteren Passionen zählten immer schon auch die Fotografie und das Filmen. In seiner geliebten Heimat Ostfriesland war »Akki« seiner jagdfachlichen Kompetenz wegen viele Jahre Mitglied einer Jägerprüfungskommission.

Bildnachweis
Mit 29 Fotos auf Bildtafeln von Verfasser Joachim Eilts

Impressum
Umschlaggestaltung von Büro Jorge Schmidt, München,
unter Verwendung einer Fotografie von Michael Stadtfeld
Mit 29 Farbfotografien

Unser gesamtes Programm finden Sie unter kosmos.de.
Über Neuigkeiten informieren Sie regelmäßig unsere Newsletter, einfach anmelden unter kosmos.de/newsletter

FSC www.fsc.org
MIX
Papier | Fördert gute Waldnutzung
FSC® C014889

Gedruckt auf chlorfrei gebleichtem Papier

ISBN 978-3-440-18199-7
Redaktion: Ekkehard Ophoven
Gestaltung und Satz: TEXT & BILD | Michael Grätzbach
Produktion: Vanessa Frömmig
Druck und Bindung: Friedrich Pustet GmbH & Co. KG, Regensburg
Printed in Germany / Imprimé en Allemagne